Ⓢ新潮新書

神舘和典　西川清史
KODATE Kazunori　NISHIKAWA Kiyoshi

うんちの行方

JN018349

893

新潮社

はじめに

生きている限り、私たちは毎日大量に排泄している。

日本人一人が一日に排泄するウンチの量はおよそ200グラムだという。日本の人口は約1億2600万人（2020年1月1日現在・総務省統計局調査）。単純計算で、毎日2万5200トンも排泄している。宅配便の2トントラック1万2600台分になる計算だ。

その大量のウンチだが、トイレからどこへどう流れて行くのかをご存じだろうか？

隣や向かいの家のものと一緒になり、下水道へ流れていくことは想像できる。では、地下深く掘られた下水道はどこを通って、どこにつながっているのか。まさかそのまま海や川へ流しているわけではあるまい。

どこで浄化されるのか。

どのように浄化されるのか。

どの程度浄化されるのか。

そのためには、だれが、どんな苦労をしているのか。

毎日気持ちよく排泄させてもらっているにもかかわらず、その後について、私たちはあまりにも無知だ。

出すだけ出して、あとは知らんぷり。

その後を見知らぬ誰かにお任せしているのは無責任ではないだろうか。

自分の体から出たものをきちんと追いかけて、現実を知り、感謝すべき相手を知り、これからの人生を過ごしていくべきではないか。

そう考えて、共著者の西川清史さんとともに、トイレから始まる長いウンチの旅や、列車や富士山のトイレなどの試行錯誤をたどってみることにした。

2020年12月

神舘和典

うんちの行方

目次

第1章 流され処理され どこへ行く?

巨大な玉ねぎのような設備は、濃縮された汚泥を減量、安定化させるためのタンク。横浜市「北部汚泥資源化センター」にて。

「穴に落ちて死ぬ」と怯えた幼少期

いきなり個人的な話で心苦しいが、初めて洋式の水洗トイレに出合ったときには、救われたと思った。

15歳まで、自宅のトイレが水洗ではなかったからだ。1962年に東京・練馬区の石神井で生まれて育ったが、1977年まではずっと汲み取り式。いわゆる〝ボットン便所〟だった。トイレの入り口、木の扉を開けると、一段高くなったところに陶器でできた和式の便器が鎮座していた。

便器の中央には大きな穴があり、中は深い闇。汲み取り式トイレには蓋のある場合が多いが、我が家は穴が開いたまま。「臭いものに蓋」という言葉があるが、臭いものに蓋をしない家庭だった。

穴からは強烈な臭気が立ち上ってくる。毎日、便器をまたぎ、闇に向かって排泄する。幼稚園児のころは、トイレでしゃがむのが恐怖だった。

いつか穴に落ちて死ぬ――と怯えていた。

便器の世界的ブランドで住宅設備メーカー、TOTOのミュージアムの図録には和式の汲み取り式便器の名称は「非水洗底無大便器」と書かれてあった。〝底無大便器〟というのは、なかなか恐ろしい。実際には底はあるのだが、幼児には確かに底なしに感じられた。

脚を踏み外し、落ちかけたことがある。下半身が穴にはまり、必死によじ登った。財布やスリッパを落としたこともある。

豪雨のときはとくに戦慄した。

小学校へ上がる前、家の前の畑がなくなった。土が盛られ、約50棟の巨大な団地群が建った。その結果、わが家は地形的に谷底に。激しく雨が降ると、水は高いところから低いところへと流れる。家の前の道は濁流、庭は茶色い池と化した。

豪雨の雨水はトイレの裏手の、バキュームカーの汲み取り槽にどんどん流れ込む。トイレの中の水かさが見る見る上がってくる。臭いがきつくなる。水面がゆらゆらと揺れている。

それでも便意はやってきた。しかたがない。トイレへ行く。排泄をする。水位の上がったトイレにウンチが落ち、しぶきが上がる。いわゆる〝おつり〟という現象だ。尻におつりをもらわないために、排泄した瞬間、尻を上げる。出す、立つ、出す、立つ……。

スクワット運動を行い、足腰が鍛えられた。

あの時期の経験は長くトラウマとして残った。大人になり、格段に衛生的になった東京の水洗トイレで排泄しているのに、一か月に一度のペースで豪雨の日の夢を見た。夢の中で、子どもの時代の自分がボットン便所の便器をまたいでいる。ゆらゆらと揺れる水面を眺めている。

だから、現代の日本の水洗トイレや下水道への感謝の気持ちは強い。

1970年代から1980年代には、東京23区はすでにかなりのエリアに下水管が敷設されつつあった。それはつまり、水洗トイレの環境が整備されたことを意味している。

しかし、地形や地質、あるいは自治体の管轄の関係で、下水管を埋められない地域があった。練馬区、足立区、世田谷区の一部だそうだ。生まれ育った練馬区・石神井は、下水管がない取り残されたエリアだったのだ。

それでも、徒歩圏に位置する小学校や中学校のトイレは水洗だった。目の前に建った巨大な団地群は全戸水洗だった。戸建ての友だちの家に遊びに行っても、水洗トイレが主流だった気がする。詳細は後述するが、個別にコミュニティプラントという浄化槽が設置されていたらしい。

そもそもウンチとは何か

この先、排泄物の行方をたどる。でも、その前に、そもそもウンチとは何か——を正しく知っておいたほうがいいだろう。

一般的に、食べたものの残りかすが体外へ排泄されるものがウンチだと考えられている。しかし厳密には、個人差や健康状態によって違いはあるものの、7～8割は水分だ。〝実〟の部分は、わずか2～3割しかない。

その2～3割のうち半分くらいは腸内細菌。そしてさらに残りの半分が繊維質をはじめとする消化されなかった食べ物。すき焼きやしゃぶしゃぶなど鍋料理を食べた翌日の自分のウンチに、えのきだけやきくらげのような繊維質の食品が原形をとどめたまま混じっているのを発見した人も多いのではないか。

食べたものが体の中で消化されて排泄されるまでのプロセス、つまり口から肛門までをおおまかに整理すると次のようになる。

（1）口から食べ物を入れて咀嚼し、細かく砕き、唾液と混ぜる。唾液にはアミラーゼ

という消化を助ける酵素が含まれている
（2）食道を通り、胃に運ばれる
（3）嚙み砕かれた食べ物は、胃で胃液と混ぜられる。胃液にはペプシンという消化酵素が含まれていて、たんぱく質の一部が分解される。また胃液は強い酸性なので、食べ物のなかにあった菌の多くは死ぬ
（4）胃の次の十二指腸では、肝臓から分泌される胆汁、膵臓から分泌される膵液が混ぜられ、主に脂肪分をドロドロになるまで処理。胆汁に含まれているビリルビンという色素によって、消化中の食べ物はあの黄土色になる
（5）腸で食べ物の栄養素を吸収する。食べ物が速く通過する前半部が小腸。ゆっくり通過する後半部が大腸。この終盤で食べ物は完全にウンチになる
（6）肛門から体の外へ排泄

以上が、食べたものが排泄されるまでのプロセスだ。

これらの作業はすべて、私たちの体の中で行われている。その時間には個人差があり、24～72時間だ。

気になるあの臭さだが、大腸で食べ物が分解されるときに強烈な臭いになる。消化酵素のなかにあるインドール、スカトール、硫化水素、アンモニアという物質が食べ物を発酵させて臭いがきつくなっていく。

そして、ウンチは外界へと出るわけだが、そこからどこを通ってどこにたどり着くのか、この一連の流れを追っていこう。

「東京都虹の下水道館」と「小平市ふれあい下水道館」

晴れて体から外界へ飛び出したウンチはどのような経路で旅をしていくのか――。それを知るために、まず、下水道の博物館を訪ねることにした。

東京にはメジャーな下水道博物館が二つある。

まず、江東区・有明の水再生センターのなかにある「東京都虹の下水道館」。東京都下水道局の関連だ。

もう一つは、小平を流れる玉川上水近くの「小平市ふれあい下水道館」。小平市の下水道普及率１００％を記念して建てられた。

ここはすごい。地下５階まである下水道博物館で、25メートル下に実際に流れている

「小平市ふれあい下水道館」には、こんな人形が空中に浮かんでいて驚く（館内で撮影）

下水道を見学することができる（２０２０年12月現在、新型コロナウイルス感染拡大のため見学は当面の間、休止）。トイレや下水道の歴史を映像や立体的な模型でわかりやすく教えてくれる。専門の図書室もある。

どちらの下水道博物館も小学生が社会科見学で訪れることを目的につくられた。しかし、来館者は少ないそうだ。というのも、多くの小中学校は社会科見学をゴミ処理場と下水道関係の二つから選べるようになっている。そして、圧倒的にゴミ処理場が選ばれる。子どもたちにとっても、各家庭にとっても、ゴミは身近だからだ。

誰もが毎日排泄をしているから、本当は下水道も身近なはず。しかし、ウンチはすぐに水に流されて、視界から消える。見えないものに、人はなかなか興味を覚えないのだ。

だからといってほんとうに消えるわけではない。どこかでだれかが処理していることを決して忘れてはいけない。

水洗トイレから先の、ウンチの大まかな流れは次のとおりだ（東京都下水道局『浸水ゼロ・安全・快適！下水道』『半地下建物・地下室にご用心‼』、東京都小平市『ふれあい下水道館 ガイドブック』を参考）。

（1）ウンチは、水洗トイレの「排水管」から、キッチンや浴室の生活排水と合流し、汚水として流れていく。この時点での排水管の太さは、地域差はあるものの、80〜120ミリメートルくらい

（2）汚水が、家屋、集合住宅、ビルや商業施設などから出ると、いくつかの「貯蔵ます」で周辺の建物の汚水と合流する

（3）マンホールの下にある公共の「下水道管」に流れ込む。下水道管には、汚水と雨水を一緒に流す「合流式」と別々に流す「分流式」がある

（4）下水道は、周辺の汚水と合流しながら太くなり、なだらかな傾斜にしたがって流れていく。ただし、そのままでは際限なく深くなっていくので、途中にいくつか「ポン

プ場」が設けられている。ポンプ場では汚水を地面の浅いところまでくみ上げる。そこから汚水はまた傾斜にしたがって流れ、下水は増え続け、下水管も太くなっていく。その太くなった下水管を通って「下水処理場」へ流れていく

（5）下水処理場（「水再生センター」と呼ばれることも多い）にたどり着いた汚水は、まず「沈砂池」に溜められて、大きなゴミや土砂が取り除かれる

（6）沈砂池の次はポンプで「最初沈殿池」へ流しこみ、細かいゴミや汚れを沈殿させて取り除く

（7）汚水は最初沈殿池から「反応タンク」へ流される。この反応タンクで行われる作業が下水処理のメインイベントといっていいだろう。ゾウリムシ、カイミジンコ、ツリガネムシ、ミドリムシ、セン毛虫……など、微生物を汚水に加えて、そこへ空気を入れてかき混ぜる。微生物が有機物を分解し、汚水を浄化してくれる。これを「活性汚泥法」という

（8）汚水はさらに「最終沈殿池」へ流れ、反応タンクで生じた微生物の排泄物や死骸を沈殿させる。汚泥（沈殿した泥のかたまり）は腐敗しやすいので速やかに取り除く

（9）浄化された上澄みの水を塩素や紫外線、オゾンなどで消毒する

汚水処理のしくみ

生活排水（排泄物を含む）は下水処理場（水再生センター）で浄化されて海や川へ還される

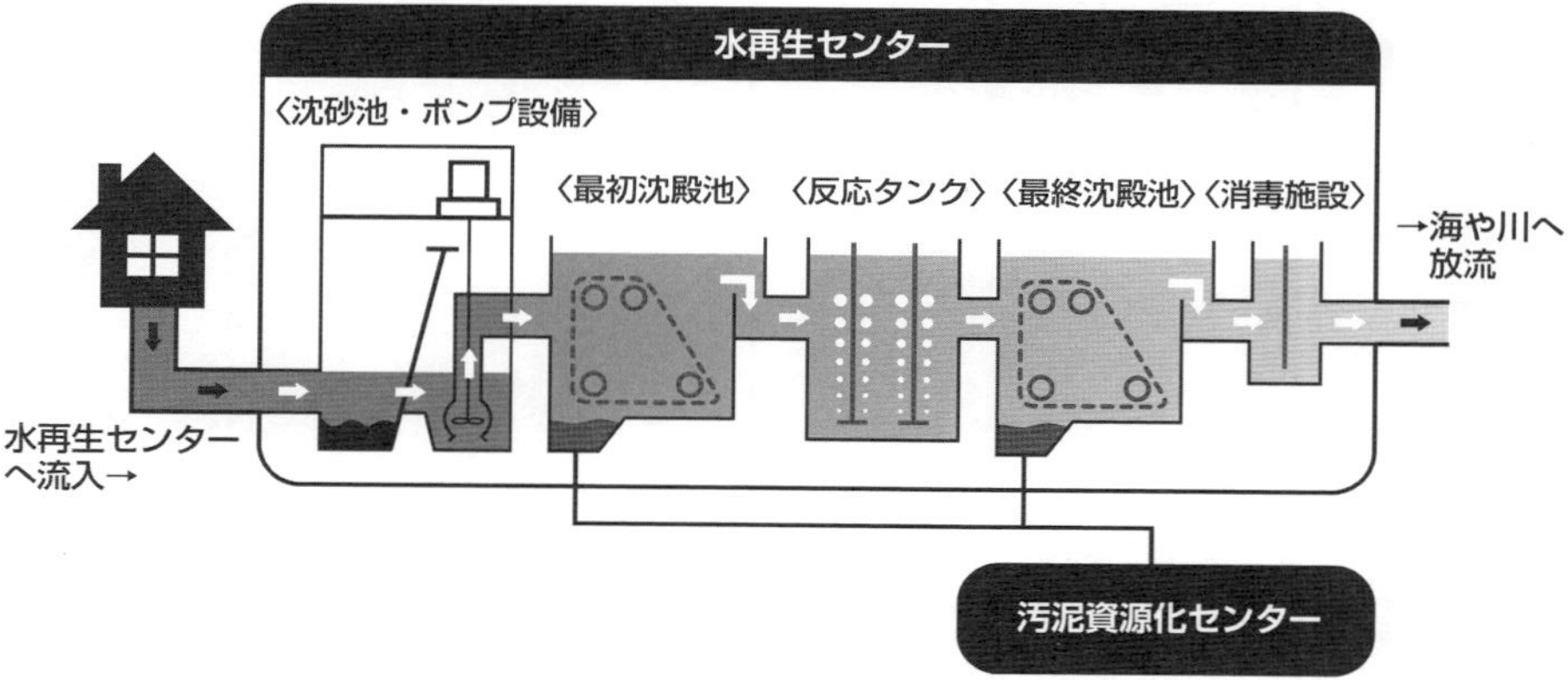

横浜市環境創造局「よこはまの下水道」をもとに作成

下水道に油を流すと冷えて固まり、こんなふうにつまってしまう。「小平市ふれあい下水道館」で

（10）消毒された水を海や川に放流する

以上が、ウンチが浄化されて自然に還るまでの大まかなプロセスだ。

しかし、もちろん、すべての下水が問題なく浄化されるわけではない。

下水道に流れてくるのは、ウンチやオシッコなどの有機物のほかに、トイレットペーパーや、キッチンの油や洗剤も混ざっている。違法投棄物もある。それらを注意深く排除し、処理している。

下水で新型コロナ感染拡大がわかる？

新型コロナウイルスが日本でも感染拡大し始めた２０２０年３月、いよいよ実際に下水処理施設を取材できることになった。胸を高鳴らせて、神奈川県横浜市鶴見区にある北部第二水再生センターに向かった。ウンチが生活排水とともに下水道を通って水再生センターに流れつき浄化されるシステムの取材だ。

横浜の下水処理施設に取材を申し込んだことには理由があった。1881年、横浜市は日本で最初に近代的な下水道を敷設した、下水の歴史ではレジェンドともいえる自治体なのだ。

この時期に浄化の全工程を見せてもらえたことは本当に幸運だった。取材後、国内のコロナの感染者数が加速度的に増え、さらに排泄物の中にもウイルスが含まれていることがわかり、下水処理施設はなかなか見学させてもらえない状況になったのだ。

実際、ウンチが流れる下水の中にコロナウイルスが含まれていることが明らかになっている。

「下水道のウイルス調査、素早く覚知」

これは2020年5月29日の朝日新聞朝刊の記事の見出しだ。

下水を採取して、1リットルあたりのウイルスを調べることで、コロナの感染拡大を予知できるというのだ。

この件について、東京都下水道局に聞いてみた。

「新型コロナウイルスに感染し重症化すると、多くの場合は肺炎になります。だから、日本では呼吸器の病気と考えられていて、消化器を通ってくる排泄物を調べるという発想にはならなかったらしい。ところが、アメリカ、フランス、オランダで、下水道中の排泄物から新型コロナウイルスが検出され、第２波を察知するための研究がスタートしました。そこで各国を見習って、日本でも下水道の調査を行おうという動きになったわけです。どんな抽出法をすれば精度が高いのか、効率的なのか、学者によって抽出法が違うらしく、それぞれを試している段階です」

ウンチの調査は新型コロナウイルスをはじめ、細菌感染の流行を予知することの役に立つかもしれないのだ。

そんなコロナウイルスが急速に感染拡大する前に、横浜市環境創造局は北部第二水再生センターで取材に対応してくれた。

横浜の「北部第二水再生センター」へ

北部第二水再生センターの正式名称は「横浜市環境創造局　下水道施設部　北部下水道センター」。生麦近くの海辺にある。

江戸時代の末期、1862年に薩摩藩の島津久光の行列に、馬に乗ったイギリス人の男女4人が乱入した。大名行列がいかなるものかを理解していなかったのだろう。いきり立った藩士たちは4人に切りかかり、そのうちの一人、チャールズ・レノックス・リチャードソンが斬殺された。それが薩英戦争の引き金になった生麦事件だ。

この歴史的な出来事があった生麦の南方の沿岸部を埋め立てたところに、北部第二水再生センターはある。トラックが行き来する産業道路から海に向かってどんどん進み、人気がなくなったエリアだ。

人口約370万人の横浜市には汚水・下水を浄化する水再生センターが11か所あり、うち5か所は日量20万トンの下水を処理する能力を持っている。その一つが北部第二水再生センターである。

明治初年、建設当時の下水道は煉瓦製。卵のとがった方を下にしたような、楕円の大下水道が地下鉄工事の際に見つかっている（現在、センターの入り口に一部が展示されている。小平市ふれあい下水道館の展示資料によると、横浜中華街南門通りで一部が使われているそうだ）。なぜ卵形かというと、ウンチや生活排水の油が内壁にこびりつかず、かつ流量が少ない場合でも流れやすいためだ。

センター内は、横浜市に勤めて約35年、下水道事業に携わっているベテランの男性職員が案内してくれた。

まず、横浜市の水再生システムを簡潔に説明する下水道を紹介するDVDを見せてもらった。水環境キャラクターが下水道を旅して水再生センターにたどり着き、浄化され、海に流れて蒸発していく自然循環のストーリーだ。

登場する二人のキャラクターはアニメだが、場面はすべて実写されている。下水道の内壁に汚物が付着しているのがわかる。

映像を見て、若いころに観たキャロル・リード監督の名作『第三の男』を思い出した。

映画のクライマックスはウィーンの下水道での追跡シーン。ジョセフ・コットンと警察隊が、汚水が流れる地下でピチャピチャと水しぶきをあげて殺人犯を追い詰めていく。その撮影の時、犯人役の主演男優、オーソン・ウェルズは「汚いから嫌だ」と下水道に入るのを拒否したという。だから、映画のクライマックス・シーンであるにもかかわらず、下水道では代役によって撮影された。地上へ逃げようと下水道から路上へ指を出すシーンは、キャロル・リードが代わりにやったそうだ。

下水道のDVDを見て、オーソン・ウェルズが撮影を拒んだ気持ちが少し理解できた。

邪悪な色のビーカー登場

DVDを観終わると、水質試験室に案内された。テーブルに大きなビーカーが4つ置かれていた。

初めて見る下水は、なんというか、邪悪な色をしている。これは横浜市民の生活の現場から届いた生活排水や雨水だ。米のとぎ汁やら、風呂の水やら、洗濯水や、うがいをした水や、鼻水やタンなどが混じりこんだ液体である。

もちろんここには血や汗や涙や、当然ながらオシッコもウンチもたっぷりと混入している。コロナウイルスに感染した人のものだって混じっているはずだ。そう思うと、感慨もひとしおである。

案内の職員が白いプラスチックの棒で勢いよくかき混ぜる。

「ほら、白い小さなものがいっぱい見えますでしょ？　これはトイレットペーパーです」

そういいながら、またもや勢いよくかき混ぜ始める。

ジントニックじゃないんだからそんなに丁寧にかき混ぜてくれなくてもいいのにと思

うが、それは言えない。

「嗅いでみますか？」

職員に勧められた。

「任せたから、任せたから」

共著者であるにもかかわらず、西川さんが後ずさる。ジャーナリストとは思えない態度だ。

しかたなく、ビーカーに鼻を近づける（次頁右上）。

カビのようなにおいに、ケミカルな刺激臭が混じっている。ちょっと目も刺激する。

前述のプロセスのとおり、水再生センターに届いた下水は、まず「最初沈殿池」に流れ、固形物を沈殿させる。

そののち、「反応タンク」に移されて微生物による有機物の除去を行う。クマムシやらミドリムシという微生物が下水中の有機物を分解するのである。DVDでは微生物が有機物を食べている顕微鏡映像もあった。

その反応タンクの液体が2番目のビーカーに収められていた（同左上）。しばらくすると、ビーカー（同右下）の下半分に褐色のどろんとした綿菓子のようなものが漂って

（右上）到着ほやほやの下水を嗅いでみる著者（神舘）
（左上）下水は反応タンクの中で細菌や微生物とまぜられ、空気をいれてかきまぜられる
（右下）微生物が下水の汚れを食べ、底に沈むと、下水が澄みはじめる
（左下）浄化された下水は最終的に透明な水となる

くる。上半分はやや透き通っている。

「この茶色いものが微生物の塊です」

またもや職員が白い棒で勢いよくかき混ぜて見せてくれる。ビーカーの中の液体が一様に茶褐色になる。

その後、屋外へ出て、沈砂池、最初沈殿池、反応タンク、最終沈殿池と見てまわった。とにかく広大だ。てくてくと歩きまわり、会話を交わした。

「下水にはいろんなものが混じっているんでしょうねえ」

歩きながら訊ねる。

「それはもう、たくさん」

「コンドームなんかも流れてくるんでしょうねえ」

「生理用品やパンツ、パンストなんかも流れてきます」

下水道にはなんでも流れてくるらしい。

反応タンクまで来ると、金属製のブルーのカバーを少しだけ開けて見せてくれた。空気が送り込まれてブクブクと泡立っている。ここで微生物が汚水に含まれる有機物を分解しているのだ。絶対に落ちたくない。

（上）「北部第二水再生センター」の反応タンク。この下で微生物が汚水の中の有機物を分解している

（左）浄化された下水は横浜の海に流される

浄化システムを進むと、水が澄んでいくのがわかる。

きれいになった水は横浜の海に勢いよく放流されていた。

下水は温かいので、放流するエリアの海の水温が高くなる。そのためにクロダイやスズキが集まってくるそうだ。その魚を目当てに海鳥たちも集まってくる。

「汚泥ケーキ」ができるまで

汚水が浄化されるプロセスは理解できた。しかし、気になることがある。それは、沈殿池に大量に沈むウンチの混じった汚泥だ。まさか放っておくわけにはいくまい。どこでどう処理されるのだろう――。

訊ねると、水再生センターに隣接する北部汚泥資源化センターに案内された。

「ここは汚泥を処理する施設です」

そう言う職員のあとをついて歩いていく。すると、なにやら近未来のSF映画にでも出てきそうな巨大なコクーン状のタンクが見えてきた。なまじの大きさではない。「汚泥消化タンク」というらしい。それが12基も並んでいる。

この北部汚泥資源化センターでは、次の行程が行われていた。

（１）水再生センターの最初沈殿池や最終沈殿池に沈んでいる「生汚泥・余剰汚泥」をかき集め、ポンプで汚泥資源化施設へ運ぶ

（２）運ばれた汚泥はフィルター機能のある専用の機械によって水分をしぼり取られ、約95％の量になるまで濃縮される

（３）密閉された巨大な汚泥消化タンクで微生物の力を借りて、約36度の熱で約25〜30日間温め、汚泥中の有機物を分解する

（４）（３）で生じた消化ガスはガス発電設備で発電、水再生センターや汚泥資源化センターを稼働する電力として利用。ほかの自治体では公共の施設や温水プールの稼働に利用されているケースもある

（５）消化タンクから引き抜かれた汚泥は「汚泥脱水設備」で脱水機にかけられ、さらに水をしぼり取り、「汚泥ケーキ」といわれる状態になる。汚泥ケーキは最初の汚泥の状態の約20分の１の体積になる

（６）汚泥ケーキは「汚泥焼却設備」で１０００度近い高熱で灰の状態になるまで燃焼される。焼却灰は最初の汚泥の状態の約４００分の１の体積になる

横浜市では、かつては汚泥資源化センターで灰状の汚泥を固めて煉瓦や花瓶を作っていたそうだ。トイレから流されたウンチがめぐりめぐって花瓶になり花を咲かせるとは、なんと夢のある話ではないか。

現在は、主に土と混ぜて「改良土」として建設資材に利用されている。他の自治体では、農作物を育てる肥料として使われたり、セメントの原料になったりもしている。

トマト、スイカが生えてくる

敷地内を歩いていると、黒い汚泥がこんもりと積まれて、高さ5メートルほどの山になっていた。その表面いっぱいに青々と葉が生えている。職員が若葉をひとつまみして、においをかぐ。

「うん……、これはトマトです」

うなずきながら言う。

「トマト以外にもカボチャやスイカやメロンの葉が生えてくることもあるんですよ。下水の中に種が混じっているんですね。直接台所から流されてきたのかわかりませんが」

敷地内に積まれた「汚泥」の山、トマトの葉に覆われていた

若葉に鼻を近づけると、確かにトマトのにおいがした。自然に育ったトマトだからこその懐かしい青くささだ。

キッチンのシンクから流れてきた、あるいは体内で消化されずに排泄された野菜の種は、下水道を流れ、水再生センターにたどり着く。水再生センターで取り除かれた汚泥から、芽が出て葉が育ったのだ。

水再生センターに流れ着いた汚泥の中には、栄養もある。植物が育つための好条件がそろっているのだろう。

砂の山には真っ赤なトマトの実も成るという。

トイレで流した排泄物は、下水道から浄化施設へたどり着き、きれいな水になって海や川へ流され、蒸発して雲になり、雨となって空から降り注ぎ、やがて飲料水として飲まれて、また排泄物になる。

あるいは横浜市の北部第二水再生センターの汚泥のように野菜を育て、実が成り、食べられて、排泄物になる。生々流転だ。

日本の下水道は地球12周分

人体における毛細血管のように日本全国の地下に張り巡らされている下水道は、トータルでいったいどのくらいの長さになるのだろうか？

東京・霞が関にある国土交通省で聞くと、なんと約48万キロメートル（２０１８年度末時点）もあるのだという。

「だいたい地球12周分です」

地球12周！　思わず叫んだ。

教えてくれたのは国土交通省の斎野秀幸さん。下水道部下水道企画課の企画専門官で、まじめそうな男性だ。

今こうしているときも、日本列島に張り巡らされた48万キロの下水道の中をウンチが流れていることを想像すると壮観だ。

「48万キロの下水道のうち、標準的な耐久年数とされる50年を経過した下水管は約１・９万キロメートル。全体の約４％です。ただし、２０３０年には約６・９万キロメートル（約14％）、２０４０年には約16万キロメートル（約33％）に増える見込みです。その後は人口の減少とともに減っていくかもしれませんが、それでもこの国が滅びない限り40万キロくらいは稼働し続けるのではないでしょうか」

ところで、48万キロの下水道はどのように保全されているのだろうか。日本は地震が多い国。地盤が沈下したり、土壌にずれが生じたりが頻繁に起きている。継ぎ目がはずれたり、途中でつまったりしないのだろうか。

「48万キロもあるので、すべての下水管を点検するのは不可能です。このため、下水管が腐食しやすいところを重点的にチェックします。たとえば下水管に下水が満杯になり下水が空気（酸素）に触れなくなるところです。そういうポイントは硫化水素が発生しやすい。そのような下水管だけでも全国で約４３００キロメートルもあります。このような箇所では、有毒な物質も発生するので、それはもう大変な作業です。もちろん危険も伴います。私たちの家から流れたものの後始末をしている人たちがいることは知っておいていただきたい。仕事ではありますが、彼らは汚れた水が流れる管に入っています。ふつうに生活していると地下にある下水道は見えません。皆さん、忙しくしていらっしゃるから、なかなか意識してもらえないかもしれませんが。下水道について、もっと多くの人に関心を持っていただきたいですね」

斎野さんが話す通り、毎日人が寝静まった深夜、地下の下水道で作業をする人たちがいるのである。

一方、下水処理場は全国で約2200か所（2018年度末時点）。ただし、万全ではない。このうち約1900か所は機械・電気設備の標準的な耐久年数の15年を超えている。つまり、約86％の下水処理場はなんらかのメンテナンスを施さなければいけない状況らしい。

水洗率ベスト5都道府県

2020年の時点で、日本の水洗トイレの普及率はどのくらいなのだろう――。

斎野さんにデータを見せてもらった。

「ざっくりとした割合ですが、2020年の時点で日本の水洗トイレ率は91・7％。うち約10％は下水道ではなく浄化槽を利用しているので、日本の下水道を使った水洗トイレの普及率はおよそ8割でしょう」

水洗トイレの普及率（厳密にいうと「汚水処理人口普及率」）のベスト5は、①東京都（99・8％）、②兵庫県（98・90％）、③滋賀県（98・87％）、④京都府（98・4％）、⑤神奈川県（98・1％）だ（以上2019年度末の時点の調査。国土交通省、農林水産省、環境省合同調査の『都道府県別汚水処理人口普及状況』より）。

下水環境は、税収が多く下水道使用料を確保できる都市部から先に整備が進むのが現状だという。そんな状況で大都市ともいえない滋賀県の水洗トイレ率が高い。理由は、琵琶湖の保全のために、施策として優先的に下水道の整備を進めたからだそうだ。

一方、同じ資料で普及率の低い地方自治体を見ると、①徳島県（63・4％）、②和歌山県（66・0％）、③高知県（74・6％）、④大分県（77・7％）、⑤香川県（78・8％）。

このデータを見て、思春期を和歌山県日高郡の農村で過ごした西川さんが顔をしかめる。

「仁坂知事、ワースト2やんか！」

日高郡の西川家のボットン便所は、2メートルを超える深さだったそうだ。そこに向かって一家5人が毎日排泄をする。

栄養豊富な穴の中にはウジ虫がわく。やがてウジ虫はまるまる太った真っ黒なハエに育つ。6本の脚先に黄色い液体を付着させ、次々にブーンと舞い上がってくる。西川さんは、何とかハエにたかられないようにと裸の尻を必死に左右に振り続ける。しかし、ハエはひるみもしない。ピタリと尻にとまり、6つの黄色い点を残していったそうだ。

「皆さん、汲み取り式トイレではご苦労されたのですね」

ひとまわり以上若い、水洗トイレ世代の斎野さんが気の毒そうな表情で言った。

トライアスロンW杯を襲った大腸菌

国交省の斎野さんには、下水道の合流式と分流式についても説明を受けた。

先に述べた通り、下水道には大きく分けて2種類がある。排泄物や生活排水を雨水と一緒に流すのが合流式、排泄物や生活排水の管と雨水の管が別になっているのが分流式だ。

普通に考えれば、すべての下水道を分流式にすればいいように思える。

なぜなら、地球の温暖化によって、世界中で過去に例のない豪雨が頻繁に起きている。

日本でも毎年被害が出ている。豪雨で下水道が溢れたとき、分流式ならば、マンホールから噴き出す水はほぼ雨水だ。

ところが合流式だと、あふれ出る下水の中にウンチやオシッコが確実に混ざっている。大量の雨水で薄まってはいるとはいえ、大腸菌やウイルスも含まれているわけである。

つまり、すべて分流式にしてしまえば、衛生面でのリスクがかなり軽減できるのではないか。

しかし、ことはそれほどかんたんではないらしい。

２０１９年８月17日朝、新聞各紙に次のような見出しが掲載された。

「お台場の水質悪化でスイム中止　パラトライアスロンW杯」（朝日新聞）

「お台場の水質悪くスイム中止　パラトライアスロンW杯　大腸菌の数値、上限の２倍超」（日本経済新聞）

この一週間前の８月11日、東京のお台場海浜公園の海で、２０２０年に開催される予定だった東京オリンピック・パラリンピックのオープン・ウォーター・スイミングのテスト大会が開催された。

その際、参加した選手から悲鳴が上がった。

「水が臭い！」

「トイレの臭いがする！」

そして同15〜18日に、やはり東京オリンピック・パラリンピックのテスト大会を兼ねた、トライアスロンのワールドカップが行われた。

やはり選手から「トイレの臭いがする」という報告があった。16日午後1時に水質検査を行うと、大腸菌の基準値（100ミリリットル以下の海水に含まれる大腸菌が250個以内）の2倍以上の数値を計測。主催者は急遽大会の内容を変更した。スイムを中止し、トライアスロンではなく、ランとバイクの2種目によるデュアスロンが行われた。

その後9月までの東京都による水質検査では、27日中12日で海水中の大腸菌が基準値を超えた。100ミリリットル中3万5000個に達した日もあったという。

大腸菌が海に流出した原因はゲリラ豪雨。この時期、台風10号が日本列島を襲った。東京は台風のコースからは外れたものの、大雨に見舞われている。

大雨が降っても、通常はお台場の海に大腸菌が流れ込むことはない。しかし、想定外の雨量で、下水管の処理能力を超えそうになった。そのため急遽、下水を未処理のまま海に放出せざるを得なくなったのだ。

それが都心部で、しかもすぐ近くに下水処理能力の高い有明水再生センターがあるにもかかわらず、お台場の海に大腸菌がうようよいたわけだ。その理由の一つは、この地域の下水道が、雨水とトイレの水が一緒に流れる合流式だったことにある。下水道に流れ込んだ雨水は排泄物と混ざる。それがダイレクトに海に放出された。

「臭いも含めた水質改善について、専門家の意見も聞きながら、大会組織委員会とともに検討します」

同23日に、東京都の小池百合子知事が定例会見で述べた。

この事態に、東京オリンピック組織委員会は、下水の流入を防ぐフィルターの役割の海中スクリーンを三重にする方針を示している。

マンホールから噴き出るあの水は？

その後も同年10月12日に日本に上陸した台風19号をはじめ、豪雨による被害は続いている。台風の大雨のときに報道番組が映した神奈川県・川崎市で水があふれる映像を覚えている人は多いのではないだろうか。2020年8月の豪雨では、埼玉県・川口市のマンホールから巨大な噴水のように下水が噴き出していた。

あの下を流れる下水道が合流式だったら――。

大量の雨水で薄まっているとはいえ、噴出する水には確実に排泄物が含まれている。街中に大腸菌やウイルスが広がる恐れがある。

斎野さんによると、合流式は都市部に多いそうだ。

「全国的に、都市部は下水道が早く整いました。初期の下水道設備なので、合流式が多いのです。一方、下水環境が遅れた地域ほど設備は新しいので、分流式です。だから東京23区の下水道はほぼ合流式。雨水とトイレの汚水が同じ管を流れています」

合流式の下水道は東京の地下に張り巡らされている。そのすべてを今から分流式にするには、都心部の道路を掘り返さなくてはならない。現実的には不可能なのだろう。

そう考えると、自分が生活する地域の下水道の状況は正しく把握しておくべきかもしれない。合流式なのか？　分流式なのか？　下水道の処理能力はどのくらいなのか？

2010年代に入り、日本全国が豪雨に見舞われている。被害の大きい地域もあれば、そうでもない地域もある。

たとえば東京都では、環状七号線地下調節池の整備が進んでいる。都内ではとくに、以前から、妙正寺川、善福寺川、神田川、石神井川、白子川など、集中豪雨による中小の河川の氾濫が深刻だった。そこで1986年、環状七号線の地下32〜40メートルの深さに、直径12・5メートルの巨大なトンネル状の貯水槽の建設が計画された。

調節池は各河川とつながり、2026年に完成する予定だ。善福寺川エリア、妙正寺川エリアはすでにでき上がり、取水が始まっている。2019年10月の台風19号のときには、総貯留量54万トンのうち約9割まで雨水を貯留して都内の浸水を防いでいる。

全長約13・1キロメートルが完成すると、1時間100ミリクラスの豪雨による洪水を防ぐことが期待されている。将来的にはトンネルを環状七号線下でさらに延長させ、東京湾へつないで放流する計画だ。

2020年8月には、東京の渋谷にも巨大な貯水槽が完成した。約631億円を投じた事業。JR渋谷駅東口駅前にあるバスターミナルの地下25メートルに、4000トンの水を溜めることができるようになったのだ。

渋谷駅は、東側は宮益坂下、西側は道玄坂下、つまり巨大な谷底になっている。宮益坂上と渋谷駅の高低差は20メートルもある。つまり、ゲリラ豪雨があると、駅に向かっ

渋谷駅東口地下25mにある貯水槽に入った。ゲリラ豪雨のときも約4000トンの水を貯留できる

て水がどんどん流れて溜まっていく。実際に、1999年8月の豪雨で地下鉄構内に水が流れ込んで、多くの人が被害に遭った。それをきっかけに貯水槽をつくる計画がスタートしたのだ。

約20年をかけて貯水槽は完成。渋谷の都市開発を請け負った東急が東京都下水道局に貯水槽を引き渡す直前の2020年8月、現場を見ることができた。

渋谷駅東口前の入口から狭い螺旋階段を地下深く降りていくと、猛暑日であるにもかかわらず、ひやっとした空気に包まれた。中は大変な湿気で、コンクリート打ち放しの内壁は結露でびっしょりと濡れている。

渋谷駅周辺に1時間に50ミリメートル以上の雨が降ると、下水管の水が自動的にこの貯水槽に流れ込むそうだ。75ミリメートルの雨までは対処できる。天気が回復したら、48時間かけてゆっくりと下水管に排水する。

渋谷の街中に埋められている下水管は合流式だ。つまり、雨水も生活排水もトイレからの汚水も同じ下水管を流れている。

ということは、この貯水槽には大量の雨水に薄められるとはいえ、大小便の合わさった屎尿《しにょう》も流れてくる。その対応のために、貯水槽内には消臭装置が設けられている。大量の水は貯水槽内で臭いが弱められてから下水道を通り、JR品川駅の東側にある芝浦水再生センターへ流れて行き、下水処理されるのだ。

地球の温暖化で東京の気候が亜熱帯に近づき、ますますゲリラ豪雨は増えることが想定されている。渋谷駅下のようなシステムはすでにいくつもあり、今後も増えていくだろう。

第2章

日本はトイレ最先進国

日本のハイテクトイレは世界各国からの旅行者が驚く。写真はＴＯＴＯが１００周年にあたり発売した「ネオレストＮＸ」。ウォシュレット一体形便器。

外国人たちの体験動画

「Amazing!」
「Oh my god!」
「Great!」

インターネットで動画サイトの YouTube を開き、「RESTROOM」「JAPAN」というワードを入力して検索すると、世界各国の人が日本を訪れて体験したトイレの映像をいくつも見ることができる。みんな、温水洗浄便座に驚き、自動開閉に驚き、自動水洗に驚いている。

「Hello! Nice to meet you」

トイレのボックスに入り、自動的にオープンした便器に深々とお辞儀をする人もいる。

日本は今、トイレの最先進国と言っていいだろう。世界各国からやってくる旅行者は、ハイテクトイレに仰天して帰国する。

温水洗浄便座市場では、ＴＯＴＯの「ウォシュレット」、ＬＩＸＩＬの「シャワートイレ」、パナソニックの「ビューティ・トワレ」などがしのぎを削っている。

「私はウォシュレットに会いに来たの！」

これは２００５年にシンガーソングライターのマドンナが来日したときのコメントだ。彼女は日本の温水洗浄便座のとりこになり、自宅用に購入していった。ちなみにウォシュレットはＴＯＴＯの登録商標である。

「日本のトイレの機械を取り付けた。トイレットペーパーが必要ないんだよ。座るとバッチリの場所に水が当たって洗ってくれる。その後は乾かしてくれるんだ。ハンズ・フリーだ」

こう語ったのは、俳優のウィル・スミス。２００７年にウォシュレットを購入してご満悦だった。08年には俳優のレオナルド・ディカプリオも、新居用に３２００ドル（当時のレートで約35万円）の最新型ウォシュレットを購入したことが報道された。

高品質の日本の温水洗浄便座は、海外のセレブリティたちの心をしっかりとつかんでいる。

「おしりだって、洗ってほしい。」

温水洗浄便座を世界で最初につくり、販売したのは、実はアメリカだった。一般家庭用ではなく、痔の患者向けに開発されたそうだ。

このアメリカ製の温水洗浄便座は、1960年代に日本でも輸入販売されている。しかし、普及しなかった。理由は、当時の技術では水の温度が不安定だったこと。価格も高かった。そもそも日本はまだ和式の便器が主流だったからだ。

その後、TOTOやINAX（現LIXIL）が競うように開発を進め、高性能の温水洗浄便座を展開するようになった。しかし、アメリカでも、ヨーロッパでも、なかなか普及しない。

なぜ海外で温水洗浄便座が普及していないのか。TOTOに問い合わせると、広報部の松竹《まつたけ》博文さんが対応してくれた。

「海外での普及に時間がかかっているのは、まず、お尻を洗うという文化がなかなか浸透しないからです。それでも、日本人が比較的多いアメリカ西海岸やハワイなどでは販売数は伸びてはいます」

松竹さんによると、住宅事情の違いも大きいという。

「アメリカやヨーロッパの住宅は、トイレと浴室が一緒になっているバスルームが主流です。また、電気を使う温水洗浄便座と水を使うバスルームは相性が良くなく、そのような理由から諦めるケースもあります」

　肝心の水の確保の問題もある。水が豊富な日本と違い、広いアメリカは水が貴重な地域もある。水洗の水も最小限にしたいところで、温水洗浄便座の分まではなかなか確保できない。

　ヨーロッパではまだ、自分の尻に水道水を当てることに抵抗感のある人が少なくないという。

　ふり返れば日本でも、お尻を洗う文化が一般に浸透するまでには長い年月がかかっている。

「不潔！　それがイケナイと申す事で御座ります」

　これは１９１８年にＴＯＴＯの前身、東洋陶器のパンフレットのコピーだ。ちょっとわかりづらいが、尻を不潔にしてはいけない、と言いたいのだろう。水洗トイレの啓発のために書かれたものだ。当時の日本人の間では「おしり＝不潔な場所」という認識が強く、それをいかに取り払うか、苦労がしのばれる。

　温水洗浄便座で尻を洗う文化が世の中に認知されるには、１９８２年のＴＯＴＯのＣＭの功績が大きかった。

「おしりだって、洗ってほしい。」

5つのカラフルな洋式便器の前で花柄の衣装にアサガオの髪飾りをつけた、女優でシンガーソングライターの戸川純さんが語りかけてくる。TOTOのウォシュレットのテレビCMだ。

「皆様、手が汚れたら、洗いますよね？」

そう言って、戸川さんが青い絵の具をチューブからしぼり、てのひらに塗る。アフリカを思わせるプリミティヴな音楽が流れている。

「こうして紙で拭く人って、いませんわよね？」

てのひらをティッシュペーパーで拭く。トイレットペーパーで尻を拭くことをイメージしているのだろう。

「どうしてでしょう？」

青いままのてのひらとティッシュペーパーを見せる。

「紙じゃ、とれません。おしりだって、同じです」

そして、かわいらしい尻を視聴者に向けて言う。

「おしりだって、洗ってほしい。」

戸川さんの声に複数の声が重なる。

画面にもキャッチコピーが提示される。

このCMによって、ウォシュレットは一気に認知されるようになった。

コピーをつくったのは仲畑貴志。1981年にサントリー・トリスのCMの企画とコピー「トリスの味は人間味。」で、カンヌ国際広告映画祭金賞を受賞した腕利きだ。

1980年代は日本のトイレの和式から洋式への移行が加速している時期でもあり、そこにCMが拍車をかけた。

今では温度や強弱や温水が当たる位置をコントロールできたり、手を触れなくても水洗できたり、日本のトイレメーカー各社の温水洗浄便座の進化は目覚ましい。

その一方で関係各社の取材を進めると、もっと本質的なところにこそ力を入れていることがわかった。

少ない水で流せ！

各トイレメーカーは何を強く意識して、どのように便器は進化を遂げてきたのか――。

それは、節水だ。

いかに少ない水でウンチを流し、なおかつ便器を清潔に保つか。それが、トイレメーカーが世界展開する上でもっとも重要なテーマと言っていいかもしれない。

日本でも、環境面で、節水はとても重要なことだ。海外ではさらに切実な問題といえる。たとえば、前述のとおり、アメリカには水の少ない地域が多い。砂漠地帯ではとくに深刻な問題だ。

中国も広範囲で水が不足している。中国を旅行した経験を持つ人は、よく現地のトイレの不衛生について語る。都市部のホテルや商業施設を除くと、水洗トイレは少ない。農村部では穴が開いているだけのトイレも多い。排泄物をそのまま家畜の豚に食べさせているケースも珍しくないという。それでは衛生的な環境を保つのは難しい。

その背景には文化の違いもあるだろう。しかし、もっと大きな理由も考えられる。中国の農村部では圧倒的に水が不足しているのだ。飲用水の確保も難しい地域では、水洗トイレは現実的ではない。トイレで流す水があるならば、その分も飲用にしたいし、農作物に与えたい。

だから〝少ない水で流す〟ことは、世界をマーケットに自社製品を展開するトイレメーカーにとって最重要のテーマの一つなのだ。

日本の最初の水洗トイレは、洗い落とし式だった。

トイレの天井近くにタンクを設置する、いわゆるハイタンクだ。排泄後にタンクからぶら下がるひもを引くと、一気に水が落ちてくる。その勢いでジャーッと流す。水洗一回に20リットルの水が必要だった。

しかし、たとえばＴＯＴＯの最新機種ならば、一回の排泄量を３・８リットルの水で流すことができる。スーパーやコンビニエンスストアで売っているコーラやお茶のペットボトルの最大サイズ２本、あるいは焼酎の大ボトル１本分の水があれば十分足りる計算だ。

なぜ少量の水で流せるようになったのだろう――。

松竹さんによると、スーパーコンピュータを使って、水の流れを解析できるようになったからだという。

「流体力学を使って、効率よく水が流れるための便器の形状、水を流すタイミングなどを計算し、テストをくり返しています。便器の中を私たちはボウルと呼んでいるのですが、水が流れやすい場所はどこか？　水が流れづらい場所はどこか？　細かく解析をして、水流を確定し、トルネード洗浄により効率的に水を流しています。さらに、水がスムーズに流れるための表面加工にも工夫を重ね、〝セフィオンテクト〟といい、ボウルの表面を100万分の1ミリメートルのナノレベルまでツルツルにすることで、便が流れやすく、汚れが残らないようにできました」

できるだけ少ない水で排泄物を効率よく流せるようになったのだ。

3・8リットルで済むTOTO超節水型

ここで、20リットルの水を必要とした初期のハイタンクの洗い落とし式水洗トイレから、3・8リットルで流せる最新型までの、日本のトイレの進化のプロセスを年表で整理してみよう。

1920年代〜　ハイタンクの洗い落とし式を販売。水量は20リットル

1950年代〜　便器に近いロータンクの洗い落とし式を販売。50年代終盤には、タンクに手洗いが付く

1970年代〜　便器にタンクが密着した洗い落とし式を販売。水洗一回の水量を13リ

ットルに減らした

1980年代〜　温水洗浄便座が普及。タンクと便器の一体型も販売

1990年代〜　タンクから水を2系統に流すサイフォン式便器を販売。一つの水流はそのまま水をボウルに流す。もう一つの水流は便器の下部にたまっている水を流して底に真空状態を作り、ウンチを吸引する。この時代に10〜8リットルと水量も減っていく

2000年代〜　トルネードを解析する新しい技術で、水量を6〜4・8リットルへと減らしていく

2010年代〜　2012年に水量3・8リットルを実現、販売

右の年表を見るとわかるとおり、トイレメーカーが節水を意識し始めたのは1970年代からだ。

この時期に何があったのか——。松竹さんに訊いてみた。

「都市周辺のニュータウン建設が急増した1970年代ごろから、都市部を中心に工業用水と生活用水が増加の一途をたどり、水不足の問題が深刻化してきました。1973

年に建設省から発表された、1985年までの水の需給見通しによると、日本国内すべての河川開発を終えてもなお20億トンの水が不足すると言われていました。TOTOでも1973年から便器を中心に節水器具の開発に取り組んでいます。それまでの便器は一回の洗浄水量が20リットルもあり、少ない水でトイレを流すことが急務であったそうです」

また、少水量トイレの開発には海外の事情もある。

「水が豊富な日本とは違い、海外では一回に流せる水量を厳しく定めているところも多い。アメリカでは、6リットル以下の水で流さなくてはいけません。基準の厳しい州では、4・8リットル以下です。しかし、弊社の超節水トイレは3・8リットルで流します。中途半端な数字だと感じられるかもしれませんが、アメリカの単位では1ガロンに相当します。アメリカの厳しい基準をクリアした1ガロンできちんと流せると好評を得ています」

今後、技術的には一回3・8リットル以下の水量で流す水洗トイレもつくれるのだろうか。

「技術的にはできるでしょう。ただ、水洗トイレの役割には便器から排泄物を流すだけではなく、その先があります。家庭内の配管から外の下水道本管まで、便を滞留させずに運んでいかなくてはいけません。３・８リットル未満の水にそこまでの運搬力を期待するのは厳しい。下水管の状況はさまざまです。家の敷地の外は自治体の管轄なので、私たちが勝手に工事をするわけにもいきません」

松竹さんによると、しばらくは一回の水量３・８リットルの水洗トイレをつくり続ける様子だ。すると、各社は温水洗浄便座の性能や使いやすさなどでしのぎを削っていくことになるだろう。

マンション全戸でいっせいに流したら？

ＴＯＴＯの東京オフィスで取材を終えた帰り道、まわりのマンションを眺めながら、西川さんが妙なことを言い出した。

「あの高層マンションのすべての部屋でいっせいに排泄して水を流したら、どうなるかな？　低層階のトイレからウンチが噴出するんじゃなかろうか？」

「全フロアのトイレで同時にするなんて起こりませんよ」

「うん、現実的には起きないかもしれない。でも、マンションの住民集会で日時を決めていっせいに流しましょう、と決議して実践したら、下の階で溢れるんじゃないかな?」

「なんでそんなバカバカしいことを住民集会で決めなくちゃならないんですか。そもそもそうならないように設計されているんじゃないですか」

「知りたい!」

「誰に聞きにいくんですか? いやがられますよ」

「どうしても知りたい!」

そういうと、西川さんは必死になって取材先を探し始めた。その情熱はちょっとよくわからない。

その翌週、東京都心にある不動産会社を訪ねた。その名を聞けば誰でも知っている有名な分譲マンションを全国的に手掛ける大手不動産会社だ。取材は西川さんがセッティングした。

対応してくれたのは、商品企画室室長。こんなくだらないことを室長にお聞きしてもいいものかどうかひるんだ。

「あのー、唐突におうかがいしますが、高層マンションの全戸のトイレでいっせいに流したら、下層階で溢れるでしょうか？　理屈で考えると絶対に配管が詰まって、下層階で噴出するんじゃないかと思うんですが、どうなんでしょうか？」

西川さんが質問する。率直すぎるほど率直である。よほど知りたかったのだろう。

すると、室長も率直に答えた。

「もし全層で同時に水洗したら、下で溢れます。１００％噴き出します。いきなり排泄物が飛び出すことはないと思いますが、落ちてくるものに押されて、空気は間違いなく噴きます」

「えー！」

こちら二人はそろって声を上げてしまった。

溢れたらすごいなあ、と期待しながらも、それでも、よもや溢れることなどないだろうと思って取材にやってきたのだ。ところが、室長はこともなげに「溢れる」と言うではないか。

「規模にもよりますが、マンションの縦配管は直径10センチメートル、横引き配管は20センチメートル程度です。設計上は、同じタイミングでトイレが流されるのは、諸説あるものの、15層で1つと考えることが通例となっています。もし15層のうち、2層以上の水洗が重なったら溢れることになります」

ごまかさずにきっぱりと答える室長の、なんと男らしいことか。

竣工前のおしぼりテスト

日本人の生活のサイクルは、朝起きて、食事をして、仕事や学校へ出かける前にトイレに行くのがスタンダードだ。ということは、同じ時間帯に排泄が重なるのではないだろうか。

「確かに、朝トイレに行く人は多いでしょう。でも、心配はいりません。水洗トイレのタンクの中に5リットル水が入っていたとして、その5リットル全部が一瞬で流れるわけではないからです。水洗の流水ピークは1・5〜2秒。このタイミングが重ならなければ大丈夫です。もちろん、ピークが重なる可能性はゼロではありません。でも、いまのところ通常の生活の中で排泄物が噴出したという話は聞いたことはないですね」

室長は表情も変えずに話す。

「設計上は2層以上の排泄のピークが重なると溢れますが、実際には3層が重なっても問題は起きていないようです。あくまでも結果ですけれど。私たちがマンションでテストをするのは、建ったばかりの、入居前のタイミングになります。配管内はきれいな状況で、何の障害もありません。だから、設計通りに水は流れます」

竣工すると、配管内の環境は変わる。

「人が入居すれば、配管内は汚れますよね。すると、水は汚れに妨げられて少しおだやかに流れるようになります。ご参考までに付け足すと、バスタブの排水はまったく心配ありません。6~7分かけてゆっくりと流していくからです」

では、便秘症の人の何日もかけて硬くなった大きなウンチが配管に詰まることはないのだろうか。わざわざ大手不動産会社にまでやってきて訊くことか、と思わないでもないが、知りたい。

室長は、この質問にもズバリ答えてくれた。

「現状、つまったという話は聞いたことがありません。それも、やはり、竣工前にテストをくり返します。どんなテストかというと、上層階のトイレからおしぼりタオルを流します。それを下で受け取れれば問題はありません。TOTOさんでも、LIXILさんでも、日本のメーカーのトイレはすぐれているので、タオルくらいは問題なく流してしまいます。ただし、これははっきりと申し上げますが、トイレには排泄物以外は流してはいけません」

配管内を排泄物は下へ流れ、臭いは屋上へ向かう。

「マンションの屋上へ上がると、キノコのような傘をかぶせた通気口があります。傘で蓋をしてはいるものの、近づくと、きつい臭いを感じるはずです」

これは、トイレの配管の空気の取り入れ口なのだそうだ。配管に空気を取り入れないと、水が下に落ちていかないのだという。

結論としては、ビルやマンションのトイレの配管はつまったり、溢れたりはしない。ただし、それは溢れないように設計されているからではなく、あくまでも確率に委ねた結果論だ。くれぐれも全住民いっせいに流さないでいただきたい。

第3章

鉄道は処理してきたか
鉄道はどう処理してきたか

寝台特急「なは」を撮影する鉄道ファン。1968年に誕生、沖縄返還への願いを込めて名付けられた。惜しまれながら2008年に運行を終える。

今は真空式が主流に

便意は突然やってくる。

自分でコントロールすることができないのでやっかいだ。自宅にいるときなら問題ない。会社にいるときも心配ないだろう（会議中はちょっと困るが）。

しかし、電車の中でも、クルマの運転中でも、容赦なくやってくるのが便意だ。トイレのない場所で便意を覚えると狼狽する。もらしてしまうのではないかという恐怖で、平常心を維持できなくなる。

「駅に停まっているときは我慢しなさい！」

小学生だった1970年代、旅行に行く電車のなかでもよおすと、母親に言われた。かつて、列車のトイレは垂れ流し（「開放式」という）だったからだ。便器からダイレクトに線路に落としていた。停車中に排泄すると、そのまま駅のホーム下に残してくることになる。

走行中に丸く開いたトイレの穴から下をのぞくと、枕木や砂利が見えた。怖かった。スピードは速い。ここから落ちたら死ぬと思った。

しかし、いつからだろうか。電車内のトイレも水洗になった。今では、少ない水で流して、ボコッという音とともにウンチが姿を消す。停車中に排泄してはいけない、とは言われなくなった。

では、今の車内のトイレはどんなしくみなのだろう——。

JR東日本（東日本旅客鉄道）の広報部に問い合わせると、メールで回答が届いた。できれば対面で直接話を聞きたかったのだが、新型コロナウイルスによる在宅業務とのことで、メールでのやり取りになった。

JR東日本は、山手線、中央線など都心を走る電車のほか、横須賀線や東海道本線などの中距離列車、また東北、上越、北陸各新幹線を運営している。

「当社の車両用トイレは、現在では基本的に〝真空式〟を採用しています。排泄物をタンクに吸引する方式で、洗浄水が少なくて済むこと（一回の水洗で200ミリリットル以下）、臭気対策に優れていること等の特徴があります」

このコメントにもある通り、真空式トイレとはタンクを真空状態にして便器から水洗で流された屎尿を一気に吸い取る方式だ。タンクはトイレの真下になくても、配管を引いて吸い取ることができるそうだ。

タンクにたまった屎尿は車両基地で抜き取られて、下水処理場へ運ばれる。

水の使用量が少なくてすむ真空式は、日系の航空機をはじめ広く乗り物に活用されている。

新幹線の〝シャー〟〝コッ〟

同じ列車内のトイレの仕組みについて、東海道新幹線を運営するＪＲ東海の広報部にも問い合わせた。すると、オフィシャル・フェイスブックの記述を見てほしいと、ページを教えられた。新型コロナウイルスの感染拡大で鉄道業界は大ダメージを被っていて、取材どころではないのだろう。

そこには真空式トイレについて、次のように書かれていた。

〈「シャー」と水が出たのち、「コッ！」と音がして一気に流れていく新幹線のトイレ。モノマネされるほど、お馴染みのものになりました。構造は家庭用のものとは全く異なり、水以外に「ある力」を使っているのをご存じですか？　それは「空気」の力です。新幹線のトイレが流れる仕組みは、まず便器に繋がったタンクの弁が閉じ、タンクが真空になります。水を流すスイッチを作動させると水が出てくるとともに、真空になっていたタンクの弁がオープンし、空気の圧力差で真空のタンクへ向かって一気に吸引される、というようになっています。つまり、「コッ！」というのは吸引の音なのですね！空気の力を使うことで、水の節約になるほか、タンクを弁で閉じてしまうことで、においが漏れにくいメリットもあります。N700系（「のぞみ」「ひかり」「こだま」に採用されている車両）からは便座に直接手を触れなくても便座を下げることができるスイッチを設置したほか、今年度（2014年度）から順次N700A車両（東海道新幹線のほか山陽・九州新幹線でも採用されている）の全てのトイレに温水洗浄機能を搭載するなど、ますます快適さを増していきます〉（カッコ内は筆者注）

なるほど、わかりやすい説明だ。

この真空式トイレの開発によって、停車中でも排泄できるようになった。列車のトイレは格段に衛生的になっている。

しかし、もちろん、列車トイレがここまで進化するには、多くの人の汗と屎尿にまみれた歩みがあった。

開放式から真空式へ

初めて日本の列車にトイレが設置されたのは、明治時代の1880年。旧国鉄の北海道路線の優等車だそうだ。アメリカから輸入された車両だったので、腰掛け式便器だった。もちろん、そのまま線路に落下する開放式である。

その後の主な車両トイレの歩みは次の通り。

（1）開放式

トイレの便器からそのまま線路に屎尿を落下させる、俗称〝垂れ流し式〟。走行中は列車のスピードでウンチを粉砕・消滅させることが期待されていたが、期待通りにはならず、沿線の住民から〝黄害〟の苦情があいついだ。停車中やトンネル内での排泄はひかえるように乗客にアナウンスされていたが、なかなか守られなかった。この方式は国鉄が民営化されＪＲになった１９８７年くらいから減り始め、２０００年に運輸省（現国土交通省）の指導でなくなった。

（2）粉砕式

開放式の応用型。排泄された屎尿に殺菌・脱臭効果のある薬品を混ぜて、扇風機のように回転する羽根で粉砕する。ただし、線路に撒くこと自体は開放式と同じであるため黄害のクレームは収まらなかった。

（３）貯留式

開放式、粉砕式と同時期に一部の車両で採用された。専用のタンクに屎尿を溜め、殺菌・脱臭効果のある薬品を混ぜる。中身は車両基地で抜き取る。かつての車両に設置できるサイズではすぐ満タンになるため、列車を頻繁に車両基地に入れて抜き取りを行う必要があり、その時間の確保に苦労した。

（４）循環式

殺菌・脱臭効果のある青い色の薬品を便器に設置し、洗浄する方式。薬品を複数回使用するので、徐々に汚れていき、トイレがつまる原因となった。薬品の環境への害が指摘されることもあった。

（５）真空式

現在の主流。前述のとおり、屎尿を収納するタンクを設置して、真空状態にし、便器から水洗で流された屎尿を一気に吸い取る方式。屎尿は車両基地で抜き取られ、下水処理場に運ばれて処理される。１９９７年から採用。

（6）バイオトイレ

一部の車両で採用されている。オガクズに細菌を混ぜた槽を設置し、屎尿を分解する。コストや温度調節など研究が重ねられている。

このような試行錯誤を見ても、ＪＲをはじめ、鉄道各社のトイレについての苦労がしのばれる。

元鉄道マンが語った寝台列車の「黄害」

日本の列車トイレ史を見てあらためて驚くのは、開放式トイレ時代の長さだ。明治時代から約１２０年間、線路に直接捨てていたのだ。

その間、沿線の住民からクレームが殺到。黄害と報道され、線路の安全を確認しメンテナンスも行う保線の職員からの訴訟もあったという。それでも１００年もの間、開放式トイレの列車は走り続けていた。

開放式トイレの全盛期、旧国鉄時代の職員はいったいどんなリスクを抱えて働いていたのだろう――。

ＪＲの広報に話を聞こうとしても、新型コロナウイルス感染拡大の真っただ中でもあり、なかなか応じてもらえない。

そこで個人的な伝手をたどり、やっと当時の鉄道マンにコンタクトをとった。会うことができたのは株式会社鉄道会館の相談役、井上進さんである。

わざわざ相談役にお目にかかってお聞きするのがウンチの話とは――。本当に申し訳ない。でも、どうしても知りたい。

井上さんは１９７７年に旧国鉄の京都・向日町運転所に勤務していたそうだ。

「向日町運転所勤務中には、交番検査という車両の下部の機械類を細かく点検・検査する作業が日常的にあり、この時期に黄害にあいました。とくに５８１系の点検では大変な目にあいました」

国鉄５８１系電車は、１９６７年に走り始めた世界初の寝台電車。鉄道マニアの間で人気だった車両だ。夜は博多・新大阪間を「月光」として、昼間は新大阪・大分間を「みどり」として大活躍した。その後車両数を増やし、博多・名古屋間を寝台特急「金星」、名古屋からは特急「つばめ」になるなど、長い距離、多くの乗客を運んだ。

１９７５年の山陽新幹線全線開業で、５８１系は寝台特急専門になった。井上さんが点検した1977年ころは、京都・西鹿児島間の寝台特急「なは」などとして走っていた時期にあたる。

「寝台特急ですから、お客さんは明け方にいっせいにトイレを使います。お勤めを終えて車両基地に入ったばかりの車両を検査する場合は、下部にはまだ生々しいものがベッチョリ付いている状態でしたね」

トイレの近くの車両はとくにすごかったそうだ。

「毎日走っていますから、時間が経ち乾燥したものがこびりついていました。車両と車両を連結する脇に空気配管のホースがあり、これには製造年月日が記入されています。ところが、ここにウンチがこびりつき文字はまったく読めませんでした。しかたがないので、点検用のハンマーのとがった側でこそぎ落としました」

井上さんの話は実にリアル。旧国鉄職員は皆、若い時代に大変な苦労をしていたのだ。

そして井上さんは、さらに現場をよく知る、保線ひと筋の人を紹介してくれた。

保線とは、電車が安全に走行するために線路を確認し、メンテナンスを行う部門だ。線路が老朽化していないか、ポイント（分岐）が正常に稼働しているか、枕木が損傷していないか、線路上に石などの異物が置かれていないか……。毎日、慎重に確認している。保線の人達のおかげもあり、日本の鉄道は安全に走行し、しかも他国には例のないほど正確なダイヤを守り続けている。

「今のはきれいな女性だったぞ！」

2020年の長い梅雨が続いていた7月、神奈川県へ向かった。井上さんに紹介された保線ひと筋40年の旧国鉄職員、Iさんに当時の話を聞くためだ。

1960年代に国鉄に就職したIさんは保線の現場で働き、民営化でJR東日本になって以降は、グループ会社の役員を歴任している。

「国鉄・JRの開放トイレで一番大変だったのは寝台特急のブルートレインです。東京から九州各県まで走っていましたでしょう。距離も時間も長いから、ほとんどの乗客がトイレを使います。日本中に撒き散らしていました」

寝台特急のトイレ事情がもっとも深刻だったというのは、井上さんもIさんも同意見だ。そして、Iさん自身のもっともつらい経験は、神奈川県全域に加え東京や静岡の保線区域で働いていた時期だという。

「保線の作業をしていると、列車がビューーッと通り過ぎて、屎尿を飛ばしていきます。

とくに厳しいのが、東京と三浦半島とを結ぶ横須賀線のトンネルでした。横須賀線が湘南区域に入ると、北鎌倉から衣笠の間に9つもトンネルがあります。そのなかでも、横須賀駅と衣笠駅の間の横須賀トンネルは2キロ以上。長時間の作業になります。その間に、次々と列車が通過していくわけです」

トンネル内は列車と壁との距離が近く、逃げ場がない。顔の高さをめがけて、屎尿が飛んでくる。直撃することも少なくない。

「今のはきれいな女性だったぞ!」

先輩が叫ぶ。

「そんなの、慰めにもなりませんよ。一日の作業が終わると、事務所の風呂に入って、服を全部着替えて帰宅しました」

駅の排泄の処理も大変な作業だった。

「停車中のトイレの使用はご遠慮ください」

列車のトイレの入り口に告知されている。しかし、便意で切羽詰まっている乗客はがまんなどしてくれない。

「ホームから列車が去ると、線路に排泄物がそのまま残っています。わきには使用済みのトイレットペーパーがきちんと添えられている。大船、小田原、熱海のような停車時間が長い駅にはしょっちゅう残っていました。かつての線路には砂利が敷かれていたので、後始末は若い職員が土をかけていました。あとは雨風まかせです。どうせまたすぐに汚れますから。その後コンクリート仕様になって、排泄物をゴムホースで水洗いできるようになりました」

あまりに劣悪な労働環境のため、労働組合が訴訟を起こしたこともある（和解が成立している）。民営化でＪＲになってからは、トイレ関係の業務はアウトソーシングしている。

「国鉄が民営化されてＪＲになってからは、汚れ仕事は外注されるようになりました。外注する分、線路の保全にはコストがかかっています」

Ｉさんの話も実にリアルだった。

今、乗車中にもよおすと、私たちは躊躇なくトイレに駆け込む、しかし、その環境にいたるには、たくさんの人の苦労とがまんの歴史があったのだ。

第4章 富士山を流れる怪しい「白い川」

富士五湖のひとつ、西湖のほとりから撮影した富士山。2020年の開山期間はコロナ感染防止で登山道が閉鎖され、登ることは叶わなかった。

山小屋のオジサンはハンマーで

富士山にある全トイレが衛生的なエコトイレになっていると知ったのは、つい最近のことだ。登山道にゴミが放置されていること、トイレが不衛生であることを長く言われていた富士山だが、２０１３年に世界遺産として登録されるまでの尽力で大きく改善されたという。

本当なのか――？

耳を疑った。というのも、かつての富士山のトイレのすさまじさを目の当たりにしていたからだ。それは実に強烈な光景だった。

富士山に登ったのは１９７４年の夏、中学1年生のときだ。小学校時代の理科の教師の引率で、同期10人くらいで山頂を目指した。

富士山頂へは４つの登山道がある。山梨県の吉田口、静岡県の須走口と富士宮口と御殿場口だ。往路は御殿場口だった。昼頃に御殿場口の五合目から登り、八合目の山小屋に一泊。早朝に頂上を目指し、御来光を見て、須走口をゆっくりと下るスケジュールだった。なぜそのルートだったのか、理由はわからない。教師に従っただけだ。

「富士山に一度も登らぬ馬鹿、二度登る馬鹿」

という言葉がある。

日本でもっとも標高が高い霊峰に一度は登るべき、でも、一度で十分という意味だ。そこには、実際に登ると遠くから眺める姿とは大違いという皮肉がこめられている。登山道は岩ばかりで、殺風景。その上、ゴミも多い。遠くから眺めたり、写真で見たり、絵画になっている美しい富士山とは大違いだ。

しかも、富士山のトイレ環境はどこも劣悪だった。すべてボットン便所だ。ボットンなのに、汲み取っていない。五合目から上にはクルマは上がれない。バキュームカーももちろん例外ではない。

だから、便器の中は排泄されるままにウンチが積み上がっていく。富士山は登れる時期が限られている。毎年7月上旬から9月上旬までの2か月間だ。その間トイレにはひたすら屎尿がたまっていく。それを全部、閉山のときにドバッと山肌に流していた。

八合目の山小屋のトイレに入り、仰天した。何千人分のウンチなのだろうか。穴の中からまるで富士山のように盛り上がっていた。下の方は灰色に固まり、上の方はシャーベットのようになっていた。富士山の上の方は、夏でも雪が積もっているほど寒いのだ。

そのましゃがんだら、ウンチの山の頂上が尻に当たる。どうしていいかわからずに山小屋のオジサンを呼んだ。するとオジサンは、ハンマーを手にやってきた。そして、慣れた手つきでカンカンとウンチを砕いてくれた。山が崩れたその上に、僕は新しいウンチをした。

二度とここには来ないだろう。はっきりと思った。

2か月で30万人が登る

今さらだと思う人は多いかもしれないが、富士山について一度おさらいしておこう。

富士山の標高は3776メートル。言わずと知れた日本でもっとも高い山だ。静岡県の富士宮市、裾野市、富士市、御殿場市、駿東郡小山町、山梨県の富士吉田市、南都留郡鳴沢村にまたがってそびえている。

山の高さを10区分した静岡側の一合目は、駿河湾の田子の浦の海岸。山梨側の麓には、山中湖、河口湖、西湖、本栖湖、精進湖の〝富士五湖〟が観光地として栄え、年間約3700万人が足を運んでいる。五合目まではクルマで上がることができ、年間約497万人が訪れている。4つの登山道から頂上へは年間約30万人が登っているそうだ。

山頂に直径780メートルの火口がぱっくりと開いた活火山。直近では1707年に大噴火した。この宝永の大噴火では関東一円に火山灰を降らせ、農作物に甚大な被害をもたらしている。火山灰により川の水位も上がり、堤防が決壊して、いくつもの村を水没させた。その後は噴火していないが、ときどき鳴動する。

富士山が、日本のほかの山と大きく違うのは、観光地として栄えていることだろう。3000メートル級の山岳で、しかも活火山であるにもかかわらず、山へ登るというよりも観光の意識で訪れる人が多い。

つまり、登山経験のない人、登山の装備でない人も、かなりの数頂上を目指そうとする。Tシャツにデニムにスニーカーという、近所に買い物に出かけるような服装で訪れる人も少なくない。

観光地としての側面があるため、宿泊施設の役割ももつ山小屋は、五合目から上に約40軒を数える。また、静岡県や山梨県や環境省が管理する、公共のトイレがある。

田部井淳子さんが声を上げた「富士山の白い川」

女性として初めて世界最高峰、エベレストの登頂に成功した登山家、田部井淳子《たべいじゅんこ》さんが1990年代に言ったこの言葉が富士山のトイレ環境を大きく改善するきっかけになった。

田部井さんが富士山を訪れると、山肌に白い川のようなものが見えた。不思議に思った。というのも、富士には川はない。流れるものなどないのだ。では、あの白いものはなに？　よく見ると、トイレから放出されたトイレットペーパーがくっきりと白いラインを描いていたのだ。

日本が誇る霊峰をこのままにしておいてはいけない。田部井さんが声を上げ、静岡県、山梨県、環境庁、市民団体などが動き出し、その結果、富士山のすべてのトイレが衛生的になった。

田部井さんは2016年に腹膜がんで帰らぬ人になったが、その遺志はしっかりと受け継がれ、改善された衛生的なトイレは今も機能している。

そのことについて尽力する関係者に話を聞くために、山梨へ向かった。

中央自動車道を西へ、クルマを走らせていく。

目指すのは富士五湖の一つ、西湖の近くにある認定NPO法人富士山クラブ。事務局長の青木直子さんに会うためだ。

「私たちは、富士山が育んできた、水と緑と命をまもり、心の故郷（ふるさと）としての美しい富士山を、子どもたちに残していくために、活動を続けます」

これは富士山クラブの宣言である。富士山を愛する市民や行政と協力して、富士山の自然環境保護活動を行っている。

子どものためのキャンプを開催したり、講演会・シンポジウムを主催したりもしているが、１９９８年の発足以来継続して行っている具体的な活動が二つある。まず、富士山の清掃活動。そして、トイレの整備だ。この二つの問題が大きく改善されたこともあり、２０１３年に富士山は世界遺産として認められた。

バイオトイレ設置

中央自動車道を河口湖インターで降り、河口湖を半周し、青木ヶ原樹海を抜けた西湖の対岸に、昭和時代の農村を再現した「西湖いやしの里根場《ねんば》」がある。その奥、かつて小学校の校舎だった建物が富士山クラブだ。

青木さんは健康優良児がそのまま大人になったような潑溂とした女性。クラブの代表を務めながら、メンバーを募って、1シーズンに2～3回、富士山を登頂している。いままでに50回以上登っているそうだ。

「1990年代までは、富士山のトイレと言えば、汚い、臭いのが当たり前でした。田部井淳子さんが〝富士山の白い川〟と指摘されたとおり、夏のシーズンが終わると山小屋がトイレのタンクを開放して、屎尿を山肌に垂れ流し、トイレットペーパーが川のようになっていました。そのころすでに世界遺産の登録を強く意識していて、このままではいけない、という機運がたかまったのです」

富士山クラブが発足したのは1998年。2000年には実験として、五合目にバイオトイレを設置した。

「富士山には川がありません。水がないので、水洗トイレはつくれない。一方、汲み取り式もだめです。山の上にバキュームカーは上がれませんから。それで、バイオトイレをつくりました」

バイオトイレとは微生物によって屎尿を分解させるトイレのこと。便器の中にオガクズやカキガラを入れ、少量の水や酸素や熱を加えることで、中に仕込んだ微生物を活性化させ、屎尿を分解させる。

「市民が率先して動くと、行政も動き出します。環境省、静岡県、山梨県も山小屋のための補助金制度をつくり、自分たちが運営するトイレを設置し始めました」

すでに述べたとおり、山小屋は宿泊施設であると同時に、休憩所として、荒天のときの避難場所として、病気やけがをした登山者のための介護場所としてなど、公共施設の役割を持つ。行政もそこをきちんと評価した。

御来光を拝んだ後の大問題

「２００７年には、富士山のすべてのトイレがエコに生まれ変わりました。形式はさまざまです。オガクズもあれば、カキガラもあります。頂上の富士山本宮浅間大社のトイレは、灯油で燃やして灰にする燃焼式です。予算、環境などによって、それぞれが形式を選んでいます」

このように、富士山のトイレはすべて衛生的になった。それでもまだ問題は山積している。

「まず、トイレも自然環境に大きく左右されます。２００１年から２００２年の夏の登山シーズンに、富士山クラブが環境省の許可を得て山頂に実験的に設置したトイレはオガクズ式を選びましたが、オガクズの中の微生物がウンチを分解する際は、水分が必要です。通常それはオシッコでまかなえています。ところが、山の上は風が強いので、乾燥した日が続くと、オシッコの水分がすぐに蒸発してしまって、バイオトイレが機能してくれません。当時、自衛隊員がボランティアで水を運んでくれました」

また、バイオトイレはトイレットペーパーを分解できない。だから、便器に捨ててはいけない。そのこともトラブルを生んでいる。

「トイレの各ボックスには、トイレットペーパーを捨てるケースを置いています。ところが、便器の中に捨ててしまう人はたくさんいます。トイレットペーパーを便器に捨てるのは、自宅のトイレで排泄するときの自然の動作で、習慣になっていますでしょ。登山者の皆さんも、悪気なくやってしまう。習慣をあらためるのはなかなか難しいですね」

山小屋をはじめ、トイレの管理者は、見知らぬ誰かのウンチの付いた紙を毎日処理しているのだ。

世界遺産に登録されたこともあり、登山者が年々増え、トイレの数も足りなくなってきた。

「一つのトイレ施設で処理できる人数は一日に約2000人とされています。この2000人が24時間に均等に利用してくれればいいのですが、もちろんそうはいきません。昼間、登っているときは、汗をかくので、便意も尿意もそれほどは起こりません」

ほとんどの登山客は、朝、トイレに集中する。

「早朝、寒い中、御来光を拝んだ後の時間帯に大勢の登山客がトイレに行きたくなります。大行列ができます。30分待ちは当たり前の状況です」

寒い屋外で、多くの登山客が脂汗を流しながら便意に耐える。足踏みをしながら、自分の番をまっている。

「多くの人ができるだけ早く排泄できるように、山小屋のスタッフが交通整理を行っています。老朽化で、1シーズンに何度かトイレが故障することもあります。一つ壊れると、別のトイレに人が集まり、その日はもう大変なことになります。この状況はなかなか改善されません」

それならばトイレの数を増やせばいいと考えがちだが、ことはそんなに簡単ではない。標高の高いところに建物を建て、それを維持するには、大変なコストが必要だ。

「どれも赤字を計上しています」

トイレのコストについては、富士山の関係者の間で盛んに議論される。

「維持費のことも悩みの種ですね。どのトイレも現状赤字を計上しています。トイレには、オガクズやカキガラ代、燃料費、メンテナンス代、そして人件費も必要です。多くのトイレでは、入口に数百円を入れるシステムをとっていますが、なかなか協力していただけません。山は自然にそびえているものなので、無料だと思っているかたが少なくないのでしょう。また、入山の際に保全協力金として一人につき1000円を払うことになっていて、二重取りされていると感じる人もいるようです」

日本ではとくに、あらゆる公共施設にトイレがあるのが当たり前と思われている。だから、なかなかお金を払う意識になってもらえないのだという。

「荒天の日には厚着をしていて、リュックの奥から小銭を出すのが困難なこともあるでしょう。社会のキャッシュレス化が進んで小銭を持ち合わせていないケースも増えています。さまざまな理由で、集金がままならない状況です」

そんな状況であるにもかかわらず、どのトイレもメンテナンスを行うべき時期が来ている。

「田部井さんの発言をきっかけに1999年からトイレの改善が始まり、すでに20年を超えました。各トイレの老朽化が始まっています。それ以前よりも修理にお金がかかっています。高い山の上です。地上よりもコストはかさみます」

富士山を登るには、たとえば一人1万円くらいの登山料をとったらどうか。そんな意見もある。

「新型コロナウイルスの感染拡大で密を避けなくてはいけなくなり、今後登山者数を制限する方向に進むでしょう。これまでのように山小屋で雑魚寝は難しくなると思います。すると、各施設は客数が減る。維持が難しくなり、その結果、入山時にもっとお金をいただくことも考えられます。でも私は、何とか対策を講じて、富士山にはそんなにお金を払わなくても登れる山であり続けていてほしい。経済的に余裕のある人だけの山になってほしくはありません。実際に今も、安い賃金で働いている外国人就労者の人たちが、日本に滞在した思い出に登っています。そういう人たちを拒まない富士山であってほしいとは思っています」

こうして話を聞くと、富士山で起きているさまざまなことは、ほかの山にはない、富士山だからこその問題ばかりだ。

「私は富士山以外の山にも登りますが、登山者が行く山には、トイレがないのは当たり前です。観光地ではなく、山岳ですから。登山には市販の携帯用のトイレを持参して、自分の出したものは持ち帰ります。でも、富士山に限っては、登山のルールやマナーはなかなか理解されません。市販されている携帯トイレは、基本的に災害用なので、便器に設置してするようになっています。組み立て式の簡易トイレも、屋外の場合は、自分を隠すためのポンチョのようなものを用意しなくてはいけません。私も試しましたが、上手にできるようになるには、技術と経験が必要です」

〝富士登山〟も登山。それを登山者は強く認識する必要がある。

「富士山の場合、山登りだと思っている、いわゆる登山者は全体の4割しかいません。外国人旅行者が増えているためでもありますが、6割はふだん山に登っていない観光客です。だから、日本一高い山であるにもかかわらず、皆さん、登山の意識が薄い。この状況が変われば多くの問題が解決するかもしれません」

観光地の意識で訪れるから、多くの人は宿も食事もトイレもあって当たり前だと思い込んでいる。すべてを山に依存せず、せめて携帯トイレを持参し、自分の排泄物は自分で責任を持てるように心がけたい。

第5章

ウンチが5分で飲用水に！

ウンチが封入された容器を傍らに置いて講演する、マイクロソフト創業者のビル・ゲイツ。2018年11月、北京で行われた〝reinvented toilet expo〟で。

NETFLIXで明かされた2億ドル投資

前章までで理解していただけたと思うが、たかがウンチと甘く見てはいけない。その処理は切実な問題だ。

海外に目を向けると、開発途上国では、トイレの不衛生、あるいはトイレがないことによって感染症にかかり、多くの人が命を失っている。

そんな開発途上国の状況と本気で向き合っているアメリカの経営者がいる。ソフトウェアの世界的企業、マイクロソフトの創業者、ビル・ゲイツだ。彼は開発途上国の死者数を減らすために、約2億ドル（約210億円）の資金を投じて新しいタイプの汚水処理装置を開発した。

そのプロセスは、アメリカの動画配信サービス、NETFLIXのドキュメンタリー番組『天才の頭の中　ビル・ゲイツを解読する リミテッドシリーズ　パート1』で見ることができる。

「第3世界では水で死に至る」――『ニューヨーク・タイムズ』の記者、ニコラス・クリストフが書いたこの記事がきっかけで、ビル・ゲイツはトイレの問題に本気で取り組むことになった。

番組内の解説によると、世界には自宅にトイレを持たない人が40億人以上いる。アフリカ、南アジア、中南米には、屋外で排泄をせざるを得ない地域が少なくない。アフリカはとくに深刻だ。下痢によって年間３００万人が命を失っている。幼い子どもの状況はとくにひどく、その12％が５歳の誕生日を迎えることなく息を引き取っているという。

理由は水と排泄物の問題だ。トイレの環境が整っていない地域では、排泄物を流す川の水がそのまま飲用水にされている。しかも、その川で子どもたちは水遊びまでしている。健康でいられるはずがない。

汲み取り式トイレがある村でも、バキュームカーや下水処理施設はない。便器のまわりは汚れ放題。そこで排泄をする人はほとんどいない。屋外のほうがまだましなのだ。『天才の頭の中』では、屎尿で汚染された川で遊ぶ子どもたちや汚れたままの便器の様子をありのまま映している。

「僕のいる世界では下痢で子どもを失う親など、一人たりとも会ったことがない。そこで不思議に思った。世界は大量にある資源を使って撲滅策を講じているのか？」

ビル・ゲイツは疑問を投げかける。

社会貢献として、ビル・ゲイツはマイクロソフトを通じてアフリカに多くのパソコンを寄贈していた。しかし、その効果がなかなか実感できない。

そんないきさつで、ビル と妻のメリンダ・ゲイツが運営する慈善基金団体、ビル＆メリンダ・ゲイツ財団は約2億ドルを投じて、途上国の命を救うためのトイレと下水設備の開発を始めたのだ。

では、アフリカに先進国と同じような下水道や下水処理施設をつくればいいのか――。

ビル・ゲイツは思案する。

それは、現実的ではない。数百億ドルものコストがかかってしまい、開発途上国には普及しない。そこで、ワシントン州セドローウーリーにあるジャニキ社のCEO（最高経営責任者）で機械工学士のピーター・ジャニキを訪ねる。

ジャニキ社は軍事用の機密部品をつくっている会社。そこに開発途上国を救うための汚水処理装置の開発を依頼した。ピーター・ジャニキは、最初はとまどったが、ビル・ゲイツの熱意に応え、装置の開発を始める。

ゴクゴク飲み干すビル・ゲイツ

「トイレに溜めた排泄物を燃料にできないか？」
「トイレで便を燃やして自己給電できないか？」
「トイレの機能から配管や水をなくせないのか？」

ビル・ゲイツはピーター・ジャニキに、次々と課題を持ちかける。

そして18か月をかけて、水も電気も使わず、排泄物を溜めるタンクもいらない汚水処理装置「オムニプロセッサー」を開発した。

オムニプロセッサーは次のような装置だ。

(1) ウンチの水分は蒸気にする。固形物は燃やす
(2) 自己発電。蒸気エンジンで汚水処理装置に電力を供給する
(3) 蒸気の水は飲用にする

この装置の完成にビル・ゲイツは満足する。5分前にはウンチだった水をピーター・ジャニキから受け取り、ゴクゴクと飲み干してみせる。パフォーマンスだったとしても、

なかなかできることではない。真剣さが伝わる。アフリカのダカールの子どもたちが、浄化装置から生まれた水をおいしそうに飲む様子も映される。

オムニプロセッサーの完成をビル・ゲイツは中国の北京で発表するが、もう一つ重要な課題があった。コストだ。

この装置を一台組み立てるには約5万ドル（約525万円）かかる。そんな高額では、アフリカでは普及しない。なんとしても量産体制をつくり、一台500ドル未満にしなくてはならない。それには量産でコストを下げられる製造業者を見つける必要があった。

そこで手を挙げた会社がLIXILだった。

えっ、日本のメーカーじゃないか！

画面の前で思わず叫んだ。

番組『天才の頭の中　ビル・ゲイツを解読する　リミテッドシリーズ　パート1』は次のテロップで終わる。

「2018年11月　世界屈指の製造業者リクシルが――ビルのトイレの量産を発表しました」

手を挙げたＬＩＸＩＬの新発表

２０１８年11月6日、ＬＩＸＩＬはメディアや関係各社に次の見出しのプレスリリースを送っている。

「ＬＩＸＩＬがビル＆メリンダ・ゲイツ財団とともに家庭用に世界初の『Ｒｅｉｎｖｅｎｔｅｄ Ｔｏｉｌｅｔ』試験導入に向けパートナーシップを締結」

「Ｒｅｉｎｖｅｎｔｅｄ Ｔｏｉｌｅｔ」とは、再発明されたトイレという意味。ドキュメンタリー番組で見た広場に置かれた試作品は住宅のように大きい。デザインは施されていなかった。自己発電でウンチを処理し、しかも飲用水もつくるという機能は完成した。しかし、まだ製品化できる段階ではない。そこからのプロセスをＬＩＸＩＬが引き受けるという。実に夢のある事業だ。

ＬＩＸＩＬの発表文には、こう書かれていた。

「株式会社ＬＩＸＩＬ（本社：東京都千代田区、以下ＬＩＸＩＬ）は、ビル＆メリンダ・ゲイツ財団（以下ゲイツ財団）と世界初の家庭向け『Ｒｅｉｎｖｅｎｔｅｄ Ｔｏｉｌｅｔ』を開発し、２つ以上のマーケットへ試験導入することを視野に入れた、パートナーシップを締結しました。ＬＩＸＩＬは技術、デザイン、商品開発における専門家チームを結成し、世界中の民間企業と協働しながら、試作品のトイレの開発をリードしていきます」

ＬＩＸＩＬは、実はＲｅｉｎｖｅｎｔｅｄ Ｔｏｉｌｅｔ開発以前に、すでに発展途上国のためのトイレを開発するプロジェクトを行っていて、ゲイツ財団との交流もあった。

発表文は次のように続いていた。

「ＬＩＸＩＬはゲイツ財団とともに、今日までゲイツ財団が培ってきた市場調査や消費者の嗜好に基づき、使用方法やデザイン、仕様、商業取引についてのガイダンスも提供していきます。また、ＬＩＸＩＬはこの試作品の商業化にむけた計画を幅広く周知するために、確実なビジネスモデルに必須とされる諸条件についても発展させていきます」

Ｒｅｉｎｖｅｎｔｅｄ Ｔｏｉｌｅｔの一刻も早い商品化を、世界中が待ち望んでいる。

SATOプロジェクト

Ｒｅｉｎｖｅｎｔｅｄ Ｔｏｉｌｅｔに取り組む前、２０１０年代に入り、ＬＩＸＩ

Ｌは開発途上国向け簡易式トイレシステム、ＳＡＴＯ（サト、SAfe TOilet）の開発にも着手していた。いかに少ない水で、いかにシンプルで、いかに衛生的で、いかに丈夫なトイレを低コストでつくるかというプロジェクトだ。

この件について、グローバルな衛生の解決に取り組むコーポレート・レスポンシビリティ部の長島洋子さんに話を聞いた。

「開発途上国の農村地域などで、安全で衛生的なトイレがないため屋外で排泄している人がたくさんいることはご存知でしょうか。その結果、水源が汚染され、下痢性疾患により毎日約８００人の子どもが命を落としていると言われています。女子児童や女性たちは用を足しに行く途中で暴力や嫌がらせの被害にさらされているのです。適切な衛生環境のない学校では、特に生理期間中の女子生徒への影響が大きく、多くの女児が中退を余儀なくされています」

開発途上国には、トイレ環境がないために教育を受けられなくなる子どもまでいるのだ。日本で暮らしていると考えも及ばない現実である。

水洗トイレは、日本では当たり前になっている。しかし世界を見渡すと、下水道の整備や改修ができない地域、敷設が現実的ではない地域は多い。そこでＳＡＴＯ事業がスタートした。

SATOの便器は、排泄量にもよるが、約0・2〜1リットルの水で洗浄できる。カウンターウエイト式、つまり、排泄物と水の重さで弁が開き、動力を使わずに閉まる方式だ。ハエをはじめとする虫による病原菌の媒介と悪臭を防ぐ。

「ゲイツ財団ではトイレ再開発チャレンジをテーマに、さまざまなトイレプロジェクトを支援しています。簡易式トイレシステムSATOの初代モデルは、バングラデシュでの住民へのヒアリングのもとゲイツ財団の助成を受けて開発され、2013年から販売を始めました。2度目の助成ではSATOの3つの新型モデルのフィールドテストをザンビア、ケニア、ウガンダ、およびルワンダで実施しました。2016年には3度目の資金助成を受け、グローバル展開をさらに加速させています」

ビル・ゲイツがReinvented Toiletの試作モデルを発表した2018年には、LIXILはゲイツ財団から3度の助成を受け、すでに信頼関係が構築されていた。

20億人がトイレのない生活

現在、アフリカのタンザニア、エチオピア、ナイジェリアをはじめ、アジアのインド、ネパール、バングラデシュや、さらに中南米のペルーやハイチなど38か国１８６０万人以上の人がＳＡＴＯのトイレシステムを利用している。

「最初に進出したバングラデシュでは、２０１９年に事業としても黒字化を達成することができました。収益を上げる持続可能な事業でありながら、社会に貢献できることを実証できたのです。ただ、国や地域によって事情はさまざまで、衛生面における意識にも違いがあります。清潔なトイレがなぜ必要なのかを理解してもらわなくてはいけません。そのために、多くの現地のパートナー企業や国際機関と協力して活動を進めていきます。地域の人達に安全で清潔なトイレの利用を呼びかけ、衛生に関する学習プログラムの実施など、トイレの設置を増やす活動を展開しているパートナーは、ソーシャルビジネスであるＳＡＴＯにとって重要な役割を担っています」

トイレをつくるだけではなく、現地の人達の衛生面での意識を高めるための活動が必要だというのだ。

そして、社会貢献としてだけでなく、ビジネスとしても成立させなくてはならない。そうでなければ、それぞれの国や地域では持続しない。根付かない。そのために、ＳＡ

TOの各国にいる約40人のスタッフは地域の人たちとのコミュニケーションをはかり、現地に根差した活動になるように働きかけている。

「水まわりや住宅建材のメーカーであるからこそ、LIXILはその専門知識や規模を活用して、2025年までに1億人の衛生環境を改善することを目標にしています。SATOはトイレの普及活動に加えて、手洗いソリューションも始めました。2020年、新型コロナウイルスが世界中で感染拡大するなか、手洗いの重要性が再認識されています。しかし、トイレ同様、世界人口の40％が家庭で手洗いの設備を利用できない状況にあります。このような環境で暮らす人が、後発途上国では人口の75％にも上ります。水道や水や石鹸が使えていないのです。こういった地域の多くはSATOのトイレシステムが進出している地域でもあります。そこで、上下水道が十分に整備されていない地域向けに、少量の水でも使うことのできるSATO Tapという手洗い器も開発しました」

後発途上国の人々を救うべくトイレの開発は、今さまざまに展開され、世界に広がっている。

第6章

災害時に切実なトイレ対策

広域避難場所に指定されている芝公園（東京都港区）の災害用マンホールトイレ。蓋を開けて便器を設置、個室となるテントを張って使用する。

水道、電気が止まると

地震、集中豪雨、竜巻……。地球温暖化による気候の激変で、かつてなかった規模の自然災害が世界中を襲っている。この本を書いているさなかにも、日本でも令和2年集中豪雨が起きた。熊本県を流れる一級河川、球磨川が氾濫。さらに山形県を流れる一級河川、最上川も氾濫した。

大きな自然災害が起きると、必ずトイレの問題が生じる。水道、電気などライフラインが止まると、家庭の水洗トイレが使えなくなるからだ。

自然災害では、多くの場合、小中学校の体育館が避難所になる。しかし、避難する人数に対してトイレの数が圧倒的に少ない。仮設トイレが設置されてもなかなか追いつかず、とくに朝には長蛇の列ができる。

「災害が起きると、誰もがまず飲用水や食糧のことが頭に浮かびます。行政も被害を受けた地域に一刻も早く食事を供給しようとします。大切なことです。でも、食糧と同じように、排泄のケアもとても重要です」

そう語るのは、日本トイレ研究所代表理事の加藤篤さんだ。

加藤さんは、日本のトイレ事情にもっとも詳しい一人。見た目はさわやかな容姿だが、毎日朝から晩までトイレやウンチについて考えている。

日本トイレ研究所は１９８５年に活動を始めた。くさい、汚い、暗い……など、課題が多い公衆トイレ事情を改善するのが目的だった。現在は学校のトイレ環境や災害時のトイレを改善する活動などを行い、経済産業省に災害用トイレ情報も提供している。

災害後のライフラインは、多くの場合、電気、水道、ガスの順番で復旧していく。断水が回復するには、一週間以上かかるケースも少なくない。その間は、自宅の水洗トイレは利用できない。自然災害が急増する今、個人でも、自治体レベルでも、さまざまな対策を講じておくべきだ。

「家庭ですぐにできるのは、災害用の携帯トイレの備蓄です。ほとんどの家では、水や保存食や、懐中電灯などは備蓄していると思いますが、トイレも一週間から10日間は安心して排泄できる分を備えておくべきでしょう」

組み立て式、ポリ袋式、樹脂式

インターネットの通販サイトや、百貨店のアウトドアグッズ売り場では、さまざまな災害用トイレが販売されている。

　富士山クラブの青木直子さんも試した組み立て式便器スタイルもあれば、家庭の便器にポリ袋をセッティングして排泄して捨てるスタイルもある。ペットのネコ用のトイレのようにオシッコをすぐにかためてしまう樹脂式もある。それぞれ消臭も工夫されている。最近頻発する未曾有の災害を考えると、自宅に備蓄しておくべきだろう。できれば複数手に入れて、実際に試してから選びたい。

　そこで、加藤家はどれを選んで備蓄しているか訊ねると——。

「うちは自宅の便器にポリ袋を設置して、排泄したら消臭し、廃棄する携帯トイレを選びました。一人一日に大小合わせて5回使うとして、一週間で35セットですよね。それを家族の人数分備蓄しています。コストは、選ぶ商品にもよりますが、一回分が100～200円くらいです。携帯トイレがあるだけで、災害への不安はかなり和らぎます。各家庭、携帯トイレは絶対に備蓄しておくべきです。たとえ公園や学校の公衆トイレが利用できるようになっても、夜、暗い中、子どもや女性が行くのは、性犯罪をはじめ危険が伴います。街灯の少ない暗い夜、自分の子どもや妻を一人でトイレに行かせることができますか？　自宅のなかで排泄できる備えはしておくべきでしょう」

加藤さんは、災害時への備えとしてだけではなく、登山やレジャーのときも携帯トイレを持参するそうだ。

「トイレ環境が担保されていないところへ行くときは、バッグに入れておきます。以前、北海道の利尻山を訪れたときは、自分が排泄したものは責任を持って山麓まで持ち帰りました。自然環境を損なわないようにするためです」

私事になるが、加藤さんの話を聞いて、さっそくポリ袋式の簡易トイレを50セット購入した。その一部はクルマに載せた。かつて何度か渋滞時に突然排泄したくなった経験があるからだ。

渋滞時の便意は恐怖だ。排泄したくてもトイレはない。クルマも動かないので、いつトイレのある場所に辿り着けるかわからない。にもかかわらず運転をしなくてはならない。地獄の苦しみである。

しかし、簡易トイレがあれば、いよいよ限界が訪れたら、クルマを路肩に停め後部座席にかくれて排泄すればいい。それに、簡易トイレを持っているということだけで安心して出かけられる。災害時用の簡易トイレは応用も利くのだ。

「マンホールトイレ」

日本中で自然災害が起き、想定を超える被害が出ている。災害時のトイレの開発は急務だ。行政も企業も研究開発を進めている。

そんな状況下、国土交通省が積極的に設置を進めているのが、マンホールトイレだ。マンホールトイレとは、下水道の管路の上にあるマンホールに災害用の簡易なパネル板や便器を設置し、その場をテントで覆う簡易トイレだ。

直下は下水道。常に下水が流れている。水洗トイレと同じ状態なので、トイレットペーパーを流すこともできる。従来の簡易トイレのような段差がないので、お年寄りでも使いやすい。機能的で衛生的な環境を確保できるトイレのことだ。

2018年、国交省は全国の自治体に向けて、マンホールトイレ設置のためのガイドラインをつくった。その冒頭には次のように書かれている。

「ひとたび大規模な災害が発生すると、トイレが使用できなくなるなどの問題が顕在化する。例えば、平成7年（1995年）の阪神・淡路大震災においては、被災地の広範囲で水洗トイレが使えなくなり、トイレが汚物で溢れる状態となった。平成16年（2004年）の新潟県中越地震においては、車中泊をしていた被災者がトイレを控えたため、エコノミークラス症候群で死亡するといった事例があり、災害時に快適なトイレ環境を確保することは、命にかかわる重要な課題として認識された。また、平成23年（２０１1年）の東日本大震災においても、断水でトイレを心配し水分を控えたことにより、避難生活の中で、肉体的・精神的疲労を引き起こした事例があった。平成28年（２０１６年）の熊本地震においても、断水解消までに1か月程度を要する地域もあり、中にはトイレに不自由した事例があった。このように、災害時に避難所のトイレ空間の快適さが失われることは、被災者の健康被害につながることを、過去の経験は繰り返し示している。下水道は、国民の快適な生活環境や公衆衛生を支えるインフラであり、下水道管理者は、災害時においてもその使命を果たすことができるように下水道施設の耐震化を進めるとともに、避難所におけるマンホールトイレの整備等を実施することが求められている。マンホールトイレは、日常的によく見かけるものではないが、災害時に日常使用している水洗トイレに近い環境を迅速に確保できる特徴があることから、避難所等で整備が進んでいる。実際に、東日本大震災では宮城県東松島市、熊本地震では熊本県熊本市において、避難所に整備したマンホールトイレが運用され、被災者から大変好評であったことが報告されている」

ここに書かれているとおり、阪神・淡路大震災、東日本大震災など災害時には、トイレ環境の悪さが理由の一つで、命を失った人もいるのだ。

日本トイレ研究所の加藤さんが言う。

「下水道を利用するマンホールトイレはたくさんの利点があります。災害時に組み立てることで、すぐに使用できます。汲み取りの必要はありません。学校のプールなどの水を利用することができれば、一種の水洗トイレにもなります。もっと増やすべきです。マンホールトイレのトイレ室をもっとしっかりした作りにしてはどうかと、国土交通省には提案しています。トイレはプライベートな空間ですから、災害時であっても、お年寄りでも、行くのがいやにならない、快適なものにするべきです。また、平時にさまざまなイベント会場に設置して、多くの人にふだんから慣れてもらうことも大切ではないでしょうか」

こうして話を聞くと、マンホールトイレは利点ばかりだ。全国で標準的なインフラになっていくだろう。

平時・断水時両用の「レジリエンストイレ」

災害時のトイレについては、企業も力を入れている。ＬＩＸＩＬは、避難所などで使用される公共のトイレが災害時もいつもと同じように利用できる災害配慮トイレ、「レジリエンストイレ」を開発し販売している。

平時は5リットルの水で流す水洗トイレだが、自然災害などで断水になったときは1リットルの水で流せるように切り替えられる。

そんなことができるのか――。

開発に携わったＬＩＸＩＬトイレ・洗面商品部の松本新さんに話を聞いた。

「まず水洗のタンクですが、レジリエンストイレは、5リットルで流すときと1リットルのとき、スイッチで切り替えられるようになっています。問題はここからでした。便器のなかのウンチを1リットルの水で流すことは問題ないのですが、外の公共の下水管まで運搬するにはエネルギーが足りません。そこで、トイレと公共の下水管を結ぶ間の配管にポンプを仕込んで、配管内で汚水を循環させて流す工夫をしたのがレジリエンストイレです」

1リットルの水を最大限活用する装置だ。

「ウンチの70～80％は水分です。生々しい話になりますが、汚水が循環しているうちに拡散して水様状になるので、流れやすくなります」

1リットルの水と液状化したウンチの〝共同作業〟で流すのだ。

雨水を溜められる施設やプールのある学校などでは、ポンプ式だけではなく、上階から排水管に水を流して給水する方式もある。

「バスタブに溜め置いた水はもちろん、海に近い地域ならば、海水も利用できます。災害時には想定外のことも起きるので、ポンプと給水、両方行える配管の施設をお勧めしています」

レジリエンストイレの開発・市販までの道のりは長かった。

「まだ試作品を開発していた2011年に、東日本大震災が起こりました。その時点での試作品を急遽、石巻と南三陸の避難所に設置しました。緊急時とはいえ、開発途中のものだったので、便器に汚れが残ってしまいました。トイレをつくっている会社としては、絶対に看過できないことです。あのときからよりいっそう開発に力が入り、その後熊本地震などで現地のフィールド調査を行い、災害時にトイレで起きている問題を確認し、商品化しました。レジリエンストイレのコンセプトは〝いつもと同じみんなのトイレ〟。平常時も災害時も同じ使い方を目指しています。学校などにレジリエンストイレを設置できれば、夜間でも暗い屋外のトイレに行かなくてすむでしょう。性暴力のリスクも軽減できると考えています」

昨今は異常気象のせいで、いつ、どんな自然災害に見舞われるか予測できない。そのとき、きちんと排泄できるように、考え得る対策はすべて行っておきたい。

簡易トイレはすぐにでも購入できる。マンホールトイレは、暮らしている自治体の災害対策への意識に委ねるしかないが、レジリエンストイレも検討してみたい。

そして、これらのどれかを選択するのではなく、従来の簡易トイレも含めて、個人も行政も複数の準備をしておくべきだろう。

第7章 日本人はこうして排泄してきた

約1300年前の飛鳥・奈良時代の人は、この籌木《ちゅうぎ》でお尻をぬぐった。木簡をタテに割って作ったもの。写真は「小平市ふれあい下水道館」展示の実物。

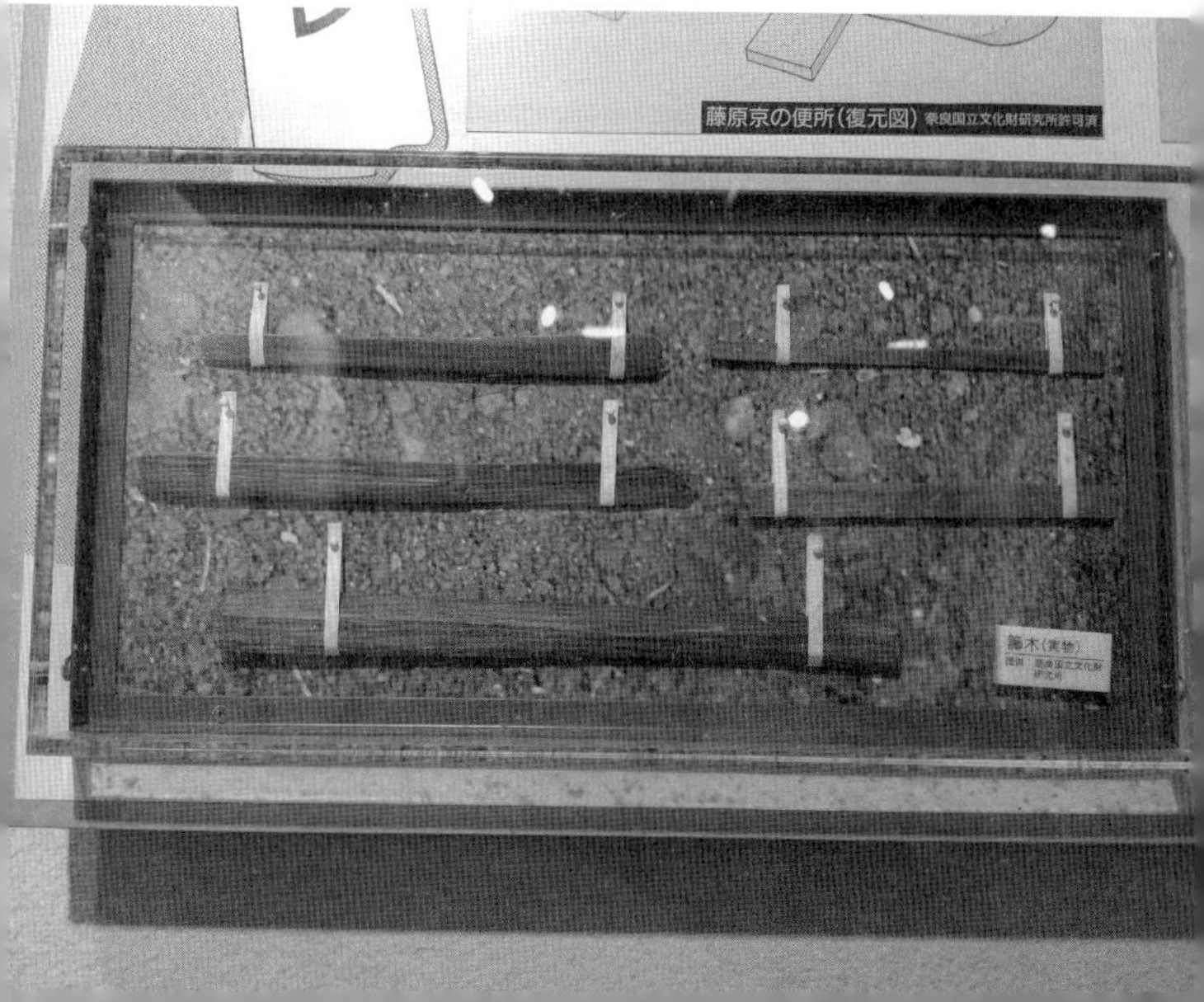

川へ向かってする行為から「厠《かわや》」

本章からは日本におけるウンチの歴史を語っていく。つまり〝日本ウンチ今昔物語〟だ。

現代の日本はかなりの地域で下水道や下水浄化施設が整備されている。しかし、下水道の環境が今のレベルまで到達するには、いにしえからの創意工夫、紆余曲折があった。国土交通省や東京都下水道局の資料で日本の下水道の歴史をたどると、その始まりは、紀元前4世紀から紀元後の3世紀中ごろの弥生時代までさかのぼる。弥生時代の人たちに下水道という概念があったとは考えづらいが、大陸から稲作技術が渡ってきて、集落が形成され、用水や排水路をつくる必要に迫られた。

弥生時代に続く3世紀中ごろから7世紀ごろの古墳時代には、雨落溝があった。雨落溝とは、雨から家屋を守る溝。降雨のときに屋根から落ちる水を受けて流す水路だ。

では、当時の日本人はどこで排泄していたのだろう——。

諸説あるが、弥生時代までは川や海や湖に船着き場としてつくった栈橋でしていたと考えられている。便意を催したら、川へ行く。あるいは海へ行く。そして沖に延びる栈橋の先端で尻を水面へ向けていきむのだ。

この〝川〟へ向かって排泄する行為から、トイレは「厠」と呼ばれるようになったといわれる。ウンチは栄養の宝庫。魚にとってはご馳走だったはず。桟橋の下でいつもようよと待機していたに違いない。視界に人間が現れ、川面に尻を向けたとき、魚たちはどんなにうれしかったことか。

弥生時代の川や海は、おそらく魚によって浄化されていたのだろう。

〝水洗〟があった藤原京

592年から710年の飛鳥時代の都、藤原京には大規模でシステマティックな排水施設があったことがわかっている。

現在の奈良県橿原市から明日香村にかけて東西約5・2キロメートル、南北約4・8キロメートル内に碁盤の目のように配置された藤原京の道路には、雨水を排水する側溝があった。その長さは約200キロメートルに及んだ。東京から東海道本線で静岡を過ぎ藤枝あたりの距離に相当する。そのような側溝は、奈良時代の平城京、長岡京、そして平安時代の平安京にも見られる。

弥生時代の排水路、古墳時代の雨落溝、飛鳥時代の側溝はあくまでも雨水対策で、排泄物を流すものではないと長い間考えられていた。

ところが、1992年と1993年、藤原京跡から汲み取り式トイレと水洗トイレの跡が見つかった。

汲み取り式は穴だ。楕円形の穴に2枚板を渡し、またいで排泄していたらしい。

一方水洗トイレはというと、溝を掘り、川から水を溝の方へ引き込み、また川へ戻す。その途中にやはり2枚板を渡し、またいで排泄する。すると水が川へ流してくれるという寸法だ。

では排泄の後、当時の人たちは汚れた尻をどう始末していたのか。トイレットペーパーも温水洗浄便座も、もちろんない。ならば、尻が汚れたまま歩いていたのだろうか。

トイレットペーパー替わりの「籌木《ちゅうぎ》」

1992年、藤原京跡で平らな割り箸のようなものが折り重なって見つかった。最初は、なにか祈禱に使われるものだと思われた。ところが、飛鳥人がトイレットペーパーの替わりに尻を拭いていたものだと判明する。寄生虫の卵が付いていたのだ。

これは通称〝クソベラ〟(「フンベラ」ともいう)。正しくは「籌木」と呼ばれるもので、このヘラで人々はぐいっとウンチをこそげとっていた。

気になるのは、これが共用だったのか。個人で所有する、いわゆる〝マイ籌木〟があったのか。それは明らかになっていない。共用だったら、なかなかつらい。

藤原京に続く平城京は、710年に完成した奈良の都である。現在の奈良県奈良市、東西約4・3キロメートル、南北約4・7キロメートルの敷地に5~10万人が暮らしていたとされている。

北に天皇の住む平城宮があり、その南に碁盤の目のように整然とした街並みが続く。平城宮に近いところには身分の高い貴族や役人が住んでいたことがさまざまな発掘でわかっている。

左京二条のある屋敷跡を発掘した際、トイレではないかと思われるものが見つかった。街路の側溝を流れる水を木樋で邸内に導きこみ、数メートル邸内を流したのち、また外の側溝に戻している。

木樋の上には簡単な屋根が設けられていたこともわかっている。木樋の水の流れをまたいで排泄をしていたのではないか。あるいはおまるのような箱で用を足して、ここに捨てていたのかもしれない。

周辺の堆積した土から相当量の排泄物が見つかっていることから、これも水洗トイレではないかと考えられている。

ところで、このことを記した資料を読んでいて疑問が生じた。

1300年も前の排泄物が残っているはずがないのではないか、と。

分解されて、もはやそれがウンチなのか土なのか、わからなくなっているのではないか。

もちろん原形などとどめてはいない。ただ、藤原京の場合と同様、その中には植物の種や魚の骨や寄生虫の卵が混ざっている、それらが大量に見つかるため〝元ウンチ〟だとわかるのだ。卵の殻はなんと丈夫なのだろう。実際に平城京の東方官衙地区（役所があった地区）で見つかったものの中からはさまざまな種類の寄生虫の卵が見つかっている。

実はこれらの寄生虫は、主に特定の食材からしか摂取されない。だから、奈良時代の人たちが何を食べていたのかがこの卵の分析から推定される。

想像される食材は、野菜や野草、コイ科の魚、アユなどの淡水魚、豚肉、牛肉、カエル、ニワトリ、犬……。この時期、仏教の普及で、二度「牛、馬、犬、猿、鶏の肉食は禁止する」というお達しがあったとされている。にもかかわらず、実際にはガッツリいろいろな肉を食べていた。

平城京跡からも籌木が見つかっている。奈良時代、通信や記録のために木簡という木札が頻繁に使用されたが、その不要になったものを縦に細かく割って使用していた。いわば廃物利用である。

中には高級割り箸のように「面取り」が施されていて、お尻に優しい作りになっているものもある。天平人は意外にデリケートだったのだ。

このクソベラは藤原京と平城京のほかでは発見されていない。木製なので１３００年の間にほとんどが腐ってしまったのではないかと考えられている。

ところで奈良時代、肉食の禁止令で、屎尿処理に変化の兆しがあった。植物性の食品、つまり野菜の消費が増え、その増産のために荘園をはじめ農地では屎尿が肥料に使われ始めたのだ。東アジアの大陸ではすでに農業の肥料に屎尿が使われていて、その知恵が仏教とともに海を渡ってきたと考えられている。最初は馬の糞が使われ、やがて徐々に人間の排泄物も利用され始めた。これが、鎌倉時代から本格化していく。

芥川龍之介が書いた排泄の物語

奈良時代以降も庶民は屋外で排泄していた。一方都で暮らす貴族は、屋内で樋箱《ひばこ》という容器にしていたらしい。

樋箱は木製の四角い箱。赤ちゃんのおまるのような使い方をイメージしてほしい。女性は、樋箱にまたがり、着物で尻をかくすようにして排泄していた。すんだ後、いつまでもそのまま部屋に置いておくわけにはいかない。今も昔もウンチには強いにおいがある。貴族が排泄したものは、使用人が屋外の側溝に持って行って捨てていたと考えられている。

710年からの平城京については、5～10万人が暮らしていたと先に書いた。794年からの平安京は京都府京都市の東西約4・5キロメートル、南北約5・2キロメートルに12～13万人も暮らしていた。そのなかで、住人たちは生活をしている。食べて、そして出していた。

この時代の排泄を題材に書かれた小説がある。

芥川龍之介の『好色』だ。タイトルのまま好色な男の話である。

舞台は平安時代。主人公は平中《へいちゅう》という男。平中は美しい女性を見かけると次々と口説き、次々と関係を持つ。しかし、目的を達するとすぐにあきてしまう。すると、別の女性をターゲットにする。今の時代にもいそうな困った男だ。

ところが、ある侍従《じじゅう》の女だけはどうにもならない。その美しさに平中は惚れ、60通も手紙を出す。でも、落とせない。

「いくら文を持たせてやっても、返事一つよこさないのは、剛情にもほどがあるじゃないか？」

などと心穏やかでいられない。

「おれの艶書《えんしょ》の文体にしても、そう無際限にある訳じゃなし」

ついに接触し、胸をまさぐるところまで成功するが、するりとかわされてしまった。

このままでは気が狂う――。

そんな危機を自分に感じた。

「あの女には根負けがする」

あきらめた平中は、侍従への興味を失わなくてはいけないと考えた。嫌いにならなくてはいけない、と思ったのだ。

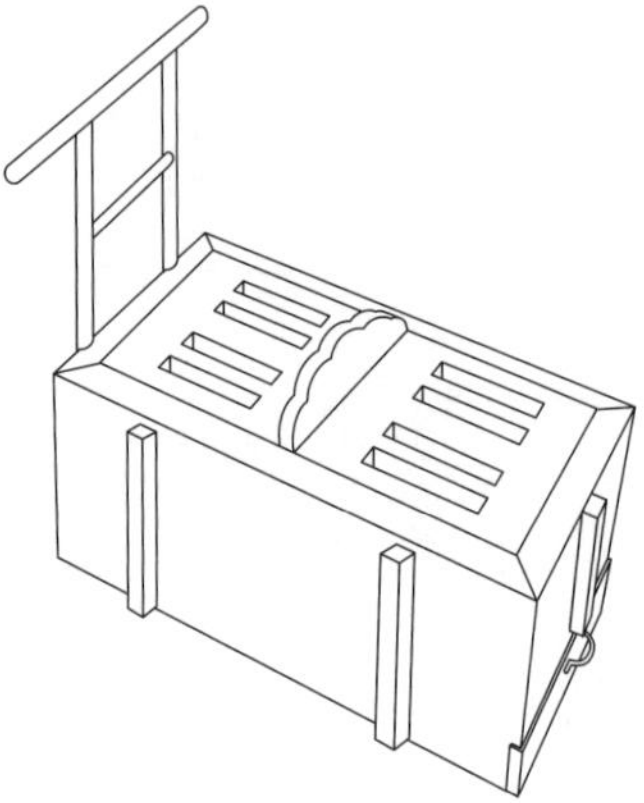

ウェブサイト「トイレ博物館」〈平安時代の樋箱〉写真をもとに描き起こした

しかし、どうしたらいいものか――。

「たった一つしか手段はない。それは何でもあの女の浅間しい所を見つける事だ。侍従もまさか天人ではなし、不浄もいろいろ蔵しているだろう」

はたして手段は〝たった一つ〟なのか、疑問はあるが、とにかくそう考えた平中は、侍従の侍女から侍従がいつも排泄している筥《はこ》を奪う。

「この中を見れば間違いない。百年の恋も一瞬の間に、煙よりもはかなく消えてしまう」

どんなに美しい女性でも、ウンチはくさいはず。その臭いをかげば、嫌いになれると思ったのだ。まったくばかばかしい話のように感じるが、小説の中で平中は深刻に思い悩んでいるから始末に悪い。

平中は手をわなわなと震わせて、蓋に手をかける。

「この中に侍従の糞《まり》がある。同時におれの命もある」

おおげさな男だ。

しかし、侍従は平中の企みを先刻承知だった。そこで、樋箱の中にはウンチに似せた香細工を仕込んでおいた。

「これが侍従の糞であろうか？　いや、吉祥天女にしても、こんな糞はするはずがない」

平中は香細工を口に含む。すごい。本物だったら、どうしたのだろう。スカトロだ。

さらに、その物体が沈んでいた水をすする。うわっ、すするのか。やがて平中は侍従に敗北したことをさとり、床に倒れる。

芥川も妙な小説を書いたものだ。

この物語には元ネタがあった。『今昔物語集』にほぼ同じ記述が残っている。平安時代の貴族が屋外ではなく、自室で箱の中に排泄していたあかしだ。

谷崎潤一郎はおまるを詳細描写

『今昔物語集』の平中の話は、大正時代に活躍した文豪たちの間では人気があったらしい。

芥川だけではなく、谷崎潤一郎もこの話をモチーフに作品を書いている。谷崎の『少将滋幹の母』には、冒頭から平中が登場するのだ。

ちなみに『少将滋幹の母』で谷崎は、おまるのことを「お虎子《まる》」と表記している。『今昔物語集』では「筥《はこ》」とされている。

谷崎版でも、平中は侍従のおまるをおそるおそる開ける。

「中を覗《のぞ》くと、香の色をした液体が半分ばかり澱《おど》んでいる底の方に、親指ぐらいの太さの二三寸の長さの黒っぽい黄色い固形物が、三きれほど円くかたまっていた。が、何しろそう云うものらしくない世にもかぐわしい匂がするので、試みに木の端きれに突き刺して、鼻の先に持って来て見ると、あの黒方《くろぼう》と云う薫物《たきもの》、――沈《じん》と、丁子と、甲香《こうこう》と、白檀《びゃくだん》と、麝香《じゃこう》とを煉《ね》り合わせて作った香の匂にそっくりなのであった」

こう書かれているとおり、侍従の部屋から侍女が持ってきたおまるの中にはにせもののウンチが入っていた。

芥川の『好色』は平中がおまるを手にして床に倒れるところで話が終わるが、谷崎の『少将滋幹の母』はその後平中が苦悩して死ぬところまで書かれている。

さて、当時の日本人の排泄量も一日２００グラムだとしたら、平城京には一日10〜20トン、平安京には24〜26トンのウンチが都の側溝を流れていたことになる。

自分が住む街に水路がめぐらされていて、そこにウンチが流れている状況を想像すると、ぞっとする。実際に、都ではあちこちできついにおいがしたはずだ。平城京も平安京もかなり不衛生な都だったに違いない。

ただし、貴族をはじめとする住人たちが排泄物について、まったく対策を講じなかったわけではない。

都の側溝には、ところどころ深みが設けられていた。固形物は側溝の深みに沈み、上澄みだけが流れていく。このように水路がつまらないように工夫していた。やがて雨が降ると、翌日、罪人に側溝を掃除させていたという。

実はそんな時代にも、水洗トイレがある地域があった。空海が開山した高野山だ。上流の谷川の水を竹筒で寺や住居の台所や浴室に流し、さらに厠の下に水路を延ばし、排泄物を川に流していた。トイレは「コウヤ」ともいう。語源は「厠」という説もあるが、高野山の水洗トイレという説も根強い。

奈良時代に始まった田畑の肥料としての屎尿の利用は、平安時代も継続していた。当時の貴族が農民から税として徴収していたのは米だ。そこで、農民は二毛作を行った。裏作で税の対象にならない麦を育てようと考えたのだ。

しかし土地は、表作の米でやせている。そこで屎尿を活用して効率よく土を肥やした。それが裏作の麦づくりで成果をあげたのだった。

ルイス・フロイスが称賛したシステム

もしも学問に〝ウンチ史〟という科目があるとしたら、日本のウンチ史における最初の革命期は、鎌倉時代から安土桃山時代にかけてだろう。

仏教とともに東アジアから渡ってきた肥料としての屎尿の利用が広がっていたが、その有機肥料が、鎌倉時代から安土桃山時代に、いよいよ本格化したのだ。これによって、日本の各都市部から農村へ排泄物が回収され、都市部がどんどん衛生的になっていった。〝ウンチ革命〟である。

「われわれは糞尿を取り去る人に金を払う。日本ではそれを買い、米と金を支払う」

「ヨーロッパでは馬の糞を菜園に投じ、人糞を塵芥捨場に投ずる。日本では馬糞を塵芥捨場に、人糞を菜園に投ずる」

これはキリスト教イエズス会の宣教師、ルイス・フロイスがその著書『ヨーロッパ文化と日本文化』（岩波文庫）に記したくだりだ。

フロイスは、1532年にポルトガルのリスボンで生まれた。イエズス会に入会した1548年、インドのゴアで日本へ宣教に向かおうとするフランシスコ・ザビエルと出会う。ザビエルの傍らには、その協力者で日本人最初のキリスト教徒と言われている弥次郎がいた。

二人の話を聞き、日本に興味を覚えたフロイスは1563年、長崎に上陸し、布教活動を始めた。

ときは安土桃山時代。織田信長、豊臣秀吉とも交流したフロイスは、日本で布教活動を行い、1597年に長崎で死去している。関ケ原の戦いの3年前だ。日本語を習得し、布教活動に勤しみ、ついに祖国のポルトガルに帰国することなく生涯を終えた。

フロイスは布教活動を行うかたわら、いくつもの著作を遺している。その一つが『日欧文化比較』だった。この書の歴史的価値は高く、現在も『ヨーロッパ文化と日本文化』として読むことができる。そこで、フロイスは日本人が実践する排泄物を有効利用するシステムを称賛している。ヨーロッパ人の目には日本人のウンチの活用方法は画期的なものに映ったのだろう。

かくして農民たちは、自分たち家族のウンチで作物を育てるようになった。

しかし、家族の排泄量には限界がある。もっと多くの作物を育てたい。もっと畑を広げたい。それには、もっと多くのウンチが必要になる。

そこで、農民たちはよりたくさん〝仕入れる〟ために、人口の多い都市部へ出かける。家族数の多い住宅を訪ね、あるときは米をわたし、あるときは収穫した野菜や金品と引き換えにウンチを手に入れた。それを畑に持ち帰ってより多くの収穫を得ていた。

このシステムは、約260年続く江戸時代、その後の明治、大正、昭和へ続いていく。現在でも、まだ行われている地域はあるはずだ。鎌倉時代に本格化したとされる循環のシステムはまさしく革命だった。

ところで、安土桃山時代には精度の高い下水道も建設された。「太閤下水」だ。「背割下水」ともいわれるこの下水道は、1583年に始まった大坂城築城の際、現在の大阪市中央区に秀吉の命でつくられている。

太閤下水は町家からの生活排水や雨水を流すことが主目的だった。それが約400年の後、屎尿も含んだ下水を流す設備として機能している。

太閤下水は広いところで約3・6メートル。左右石垣で補強された立派なもので、その一部、約7キロメートルが〝現役〟として活躍している。その様子は大阪市立南大江小学校の敷地内で見学できる。

江戸では一日200トンを売買

江戸時代になると、農家と都市部の屎尿の取引がほぼ定着する。排泄物を有効利用するシステムができ上った。

このころは、干鰯、さまざまな魚の臓物、油粕なども肥料として利用されていた。しかし、それだけでは足りない。そのため、毎日確保できる屎尿の価値はどんどん高くなっていった。幕府や大名も肥料としての屎尿を扱う仕事を奨励し、こうした職を軽蔑する言動をいましめ、屎尿を運ぶ船の船頭はプライドを持って働いていたという。

トイレは汲み取り式。今でいう和式で、木製だ。先に述べたように、農民は都市部へ行き、屋敷や長屋の大家から屎尿を購入して畑に持ち帰り、土に栄養を与えて作物を豊富に収穫することができた。

都市部は農民が定期的に訪れて排泄物を引き取っていくので、衛生的になった。都市と農村で需要と供給はバランスよく機能していた。それでも、ときおり、都市部の屎尿の価格が高騰する。江戸の屋敷の住民が高く売りたがるからだ。すると、当然、野菜の価格高騰の原因になるので、幕府が市場のコントロールを行っていた。

江戸時代の屎尿は、その質によって大まかに次のようにランク付けされていたという。

○勤番

栄養豊富な最上等品。大名屋敷のような経済的に豊かな家屋の便所から汲み取ったもの。町肥の4~5倍の価格で取引されていた。大名屋敷は、明治・大正時代には軍隊の兵舎として利用されるようになるが、勤番としての価値は引き継がれた。

○町肥

一般の町民の家屋から汲み取ったもの。上等品として取引された。

○辻肥

農民が江戸の四つ辻につくった共同便所から汲み取ったもの。江戸の町民は食に恵まれていたため質は高かった。

○たれこみ

尿の多いもの。質のよくないものとして扱われた。

○下等品

牢獄などの栄養価の低い食生活を送っているところの屎尿。罪人たちは粗末な食事をしていたので、排泄物も肥料としても期待できない。川や海に投棄されていたという。

当時の江戸はすでに100万人都市。一人の一日の排泄量が200グラムだとしたら、一日平均200トンのウンチが売買されていた計算だ。

システムが充実してくると、〝屎尿産業のプロ〟も現れる。彼らは屎尿を見て、においをかいで、それが勤番か、町肥か、あるいはたれこみかを正しく判断し、価格を決めたという。

街の中には、幕府が作り管理する「公儀下水」や住民が各自で掘った「自分下水」があったとされている。そこには、主に炊事や入浴の生活排水が流されていた。下水はそのまま大小の川へ放流されていたが、大きな汚染の問題が起きていた様子はない。

というのも、江戸の下水には屎尿はほぼ混ざっていなかったからだ。排泄物は汲み取り式トイレに溜められ、農民が定期的に買い取っていた。化学薬品を使用する洗剤ももちろんまだないので、下水はさほど汚れなかったのだろう。

1648年、町奉行が「江戸市中諸法度《えどしちゅうしょはっと》」として、次のようなお触れを出している。

現代文に書き直すと、次のようになる。

「下水や道路の溝は町の人達が協力して清掃をすること。下水へごみや、くずなど汚いものは捨てないこと。これを捨てると処罰する」（東京都「小平市ふれあい下水道館」展示資料より）

お上も町の衛生を心がけていたのだ。

滝沢馬琴の汲み取り日記

江戸時代に、屎尿が肥料として買い取られていたことを日記に残した人物がいる。『南総里見八犬伝』をはじめとする伝奇小説の作家、滝沢馬琴だ。

1767年に江戸深川、現在の江東区で生まれた馬琴は1796年から作品の発表を始め、１８４８年に他界した。その間、１８２６年から１８４８年にかけての江戸での暮らしを『馬琴日記』としてつづり、排泄物のリサイクルについてリアルに記録している。その『馬琴日記』や馬琴の長男、宗伯の妻の路《みち》がつづった『路女日記』などを聖心女子大学名誉教授の高牧實氏がまとめた『馬琴一家の江戸暮らし』（中公新書）には、江戸時代末期の町民のトイレの様子が書かれている。

たとえば１８３０年12月、馬琴は練馬の伊左衛門という農民に汲み取りを依頼する。伊左衛門は使いの者を汲み取りによこし、礼にはナスを２５０本持たせた。ところが、馬琴は納得しない。馬琴の家は大人５人、子ども二人の７人家族。大人一人分のウンチにつきナス50本、排泄の量が少ない子どもは二人で50本、計３００本をよこせと伊左衛門に主張している。

几帳面な馬琴は、汲み取りに来た農民がナスや大根を何本持参したか、支度金をいくらわたしたか、細かく書き残している。

馬琴という人はなかなか頑固だ。自分の主張が通るまで引かない。納得しない限り、伊左衛門の使いが持参したナス２５０本を受け取らない。

ただし、支度金として32文を渡してはいるので、ケチというわけではなく、几帳面な性格なのだろう。屎尿の取引だけではなく、下掃除、つまりトイレの掃除を依頼していたことも記されている。

1834年11月、馬琴の家の下女が不在だった。つまり、馬琴の家のトイレには一人分排泄量が少ない。そこで、伊左衛門にはいつも300本受け取っていた干し大根を275本でいい、と伝えている。275本というきりがいいとはいえない数に、馬琴の性格の細かさがにじむ。支度金は48文用意している。

馬琴の性質はこの家系に代々引き継がれた。息子の嫁の路も、その長男で馬琴の孫にあたる太郎も日記を書いている。そこにはやはり、汲み取りの際に農民が持参した野菜や麦、渡した支度金の明細、さらに路が食事を提供したかどうかまで記録している。この家で、日記は家計簿の役割もあったのかもしれない。

下女がいることでもわかるように、馬琴の家は経済的に豊かだった。この時代のほかの家庭と比較すると、食事の質もよかったと考えられる。勤番か、町肥か、滝沢家の屎尿は肥料としても上質で重宝がられた。

日本最初の腰掛け式は新島襄宅か？

江戸時代から明治時代にかけて、日本のトイレ史には大きな進歩はなかった。屎尿の肥料化が健全に機能していたので、新しいトイレを開発する必要がさほどなかったのだろう。

1877年に日本を訪れて東京帝国大学（現東京大学）教授も務めたアメリカの動物学者、エドワード・シルヴェスター・モースは、明治時代初期の東京の清潔さに驚き、著書で次のようにつづっている。

「我が国で悪い排水や不完全な便所その他に起因するとされている病気の種類は日本には無いか、あっても非常に稀であるらしい。これはすべての排出物質が都市から人の手によって運び出され、そして彼等の農園や水田に肥料として利用されることに原因するのかも知れない。我が国では、この下水が自由に入江や湾に流れ入り、水を不潔にし水生物を殺す。そして腐敗と汚物とから生ずる鼻持ちならぬ臭気は公衆の鼻を襲い、すべての人を酷い目にあわす。日本ではこれを大切に保存し、そして土壌を富ます役に立てる」（『日本その日その日』石川欣一・訳〈講談社学術文庫〉）

モースはこの年に帰国。しかし、よほど日本を気に入ったとみえる。翌1878年には家族を伴って再来日した。さらに、1882年にも訪れた。当時太平洋を渡るのは命がけだ。1923年の関東大震災で帝大の図書館の壊滅を知ったときには、自分の死後すべての蔵書を帝大に寄付すると遺言している。

そんな時代に、日本国内で洋式の腰掛け式トイレを使っていた人がいた。キリスト教徒の教育者で、京都に同志社大学を創設した新島襄だ。

新島は江戸時代だった1864年に函館からアメリカの船に乗り日本を密出国している。アメリカでは神学校で学び、宣教師の資格を得て1874年に帰国。そのときすでに、日本は明治時代を迎えていた。

約10年間、アメリカで腰掛け式トイレ生活を送ったせいだろう。帰国して建てた自宅(現京都市上京区)のトイレは腰掛け式だった。体が洋式トイレに慣れてしまうと、和式は足腰がきつい。新島の家の腰掛け式トイレは、当時はかなり珍しがられたに違いない。ひょっとしたら日本初の洋式トイレだったのかもしれない。

この家で新島は同志社英学校を開校した。生徒は8名。それが今の同志社大学になった。現在も新島旧邸として公開されているが、木製の腰掛け式トイレも残っている。

第8章

日本で最初の汚水処理場に潜入

「三河島水再生センター」内にある「旧喞筒《ポンプ》場施設」に入った筆者たち。重要文化財に指定されており、当時のままの下水道が見られる。

下水処理なき水洗トイレ？

ここからは〝日本ウンチ今昔物語〟の後半を語っていきたい。

明治時代になると、水洗トイレを利用する家庭もちらほらでてきていたという。新島襄のようにトイレ先進国のイギリスやアメリカを訪ねて水洗トイレを利用し、感銘を受け、輸入して日本の自宅に設置したのだ。

ただし、自宅に水洗トイレを設置しても、当時の日本には下水道の環境が整っていない。１８８４年にヨーロッパ式下水、神田下水が稼働してはいたが、そこには基本的には屎尿は流されてはいなかった。浄化する設備もないからだ。水洗トイレを自宅に取り付けても、その後の処理ができない。

するとどうなるか――。

水洗トイレを設置した家の屎尿は未処理の新鮮なまま台所や浴室の排水と一緒に川や溝に流す。あるいは近所の川や池に捨てに行く。汚水処理場はないので社会問題になった。東京の中心部には洋風の建築物が建ち始めていて、それらの水洗トイレの屎尿はお堀に流される。夏になると強烈なにおいを発していた。

明治時代は、日本のウンチ史の過渡期だったといえるだろう。

この時期にヨーロッパで腰掛け式水洗トイレを体験して感銘を受けた一人に、高級陶磁器ブランドの日本陶器の役員、大倉和親もいた。

大倉和親は日本陶器（現ノリタケカンパニーリミテド）や大倉陶園の創業にかかわった実業家、大倉孫兵衛の長男。後に、東洋陶器（現ＴＯＴＯ）社長や伊奈製陶（後のＩＮＡＸ、現ＬＩＸＩＬ）会長を務めた人物。つまり、ＴＯＴＯとＬＩＸＩＬという日本の二大トイレブランドに深くかかわった。

「水洗トイレを日本でも広めなくてはいけない！」

１９１２年、真っ白で清潔な陶器のトイレを体験した大倉は、強い使命感に燃えて帰国。食器や花瓶のブランドである日本陶器の社内に、トイレを開発する製陶研究所を設立する。そして試行錯誤を重ね、１９１４年に初の国産腰掛け式水洗トイレの開発に成功した。

衛生便器と日本陶器社内の大反対

「陶器の便器は衛生陶器といっていましたが、その研究所を設立したときは社内で大反対されたと聞いています」

とは、TOTO広報部の松竹博文さんだ。

「コストがかかる上に売れるかどうかわからないトイレの製造に取り組むのはいかがなものかという意見が大半だったそうです」

もっともな意見だ。しかし、大倉はあきらめない。研究所を設立し、2年間研究を重ねた。大変な執念だ。

その大倉の熱意と努力によって、国産腰掛け式水洗トイレが誕生。1917年には、福岡県の北九州市に日本陶器は生産工場を建設した。

「なぜ北九州に工場をつくったかというと、陶器の原料になる粘土や陶石などが採れるのが長崎の島原や朝鮮半島なので、運搬しやすいからです。それに、窯で焼く燃料の仕入れも筑豊炭田が近い。さらに、製品を輸出する際も門司港が便利だと考えていました」

それでも、相変わらず社内では支持は得られない。

「サイズが大きい衛生陶器は、当時日本陶器が扱っていた食器類と同じ窯では焼けません。そこで、大倉は私財を投じて、衛生陶器用に巨大なトンネル窯の設計図と資材と独占使用権をイギリスのドレスラー社から手に入れました」

信念があったのだろう。大倉はトイレの開発の手をまったく緩めない。しかし、おおかたの予想通り、ビジネスとしては苦戦した。

「トイレに水洗機能があっても、下水道が普及していなかったからです。それでも、衛生陶器は少しずつ社会に認知されていきました。1936年に帝国議会議事堂（現国会議事堂）が建ったときには、私どもの水洗衛生陶器が採用されています。日本製かつ最高品質という、議事堂に収める設備の条件を満たしていたからです」

大倉が便器づくりに執念を燃やした根源には、陶器会社としてのプライドもあったのだろう。

「陶器は実に優れています。素焼きの状態ではざらざらしていますが、表面に専用の薬を塗ることでガラスのようにつるつるになり、排泄物の汚れが付着しづらい。たとえば、金属は電子顕微鏡レベルで見ると凸凹を確認できます。しかし、加工後の陶器の表面はとてもなめらかで、汚れが落ちやすくなっています。人間の便で便器にもっともこびりつくのは脂分です。その点でも、陶器は親水性が強く、水分となじみます。汚れを水により表面から浮かせて流しやすくする性質も陶器には期待できるのです」

帝国議会議事堂よりも10年前、1926年には、集合住宅にも水洗トイレが設置されている。関東大震災の復興支援のためにつくられた団体、同潤会が、代官山、三田、大塚など16か所に建てた同潤会アパートだ。

震災がきっかけで建った同潤会アパートは、耐震を強く意識。当時珍しい鉄筋コンクリート建築だった。都市ガス、電気、水道、ダストシュート、棟によってはエレベーターもあった。そして、当時まだ珍しい水洗トイレも装備したのだ。

ちなみに同潤会アパートは、老朽化で1980〜2000年代にすべて取り壊されたが、2003年に解体された青山アパートメント跡に2006年に建った表参道ヒルズは、建築家の安藤忠雄さんのアイディアで同潤会時代の面影を残している。

「三河島汚水処分場喞筒場施設」

「大正7年は清掃業界の一大転機である。この時こそ永く記録に残すべき年である」『清掃事業300年—江戸から東京へ』(東京ライフ社)でこんな記述を見つけた。

大正7年とは1918年。この年まで、農民や屎尿業者は作物や金銭と引き換えに汲み取りをしていた。しかし、この年に逆転。住民が金銭を支払い、汲み取りをしてもらうようになる。鎌倉時代から長く健全に機能していた汲み取りのシステムがピリオドを打ったのである。

その大きな理由の一つに化学肥料の普及がある。運搬にも扱いにも手間のかかる有機肥料を避ける農家が増えたのだ。

肥料としての価値は下がっても、人々は毎日排泄する。処理しなくてはならない。当時の東京市長、後藤新平は頭を抱えた。

苦肉の策として、後藤は住民からの非難を浴びつつも、１９２１年、浅草の南元町、栄久町、松清町に臨時の屎尿処理場をつくる。この３施設は１９２３年の関東大震災で大打撃を受けた。しかし、２年後には再建した。

日本で最初の近代下水処理場が稼働を始めたのは１９２２年。三河島汚水処分場喞筒《ポンプ》場施設だ。この施設ができたことによって、東京の一部のエリアで水洗トイレが十全に機能するようになった。

それ以前の水洗トイレは、排泄物を川や海にそのまま流していた。大いに批判もされた。しかし、ついに、浄化する設備が完成したのだ。

当時の東京は、人口の増加による下水・汚水の増加も加速し、汚れた水は河川に流された。この状況をなんとしても改善しなくてはいけなかった。その対策として最初に作られたのが、三河島の汚水処理場だったのだ。

新型コロナウイルスによる経済活動自粛が緩和された2020年6月、東京・荒川区に現存する旧三河島汚水処分場を訪ねた。

東京23区10区画には13か所、水再生センターがある。そのなかの一つ、一日に約70万トン分の下水を処理できる三河島水再生センターの約19万7900平方メートルの敷地内に、旧三河島汚水処分場喞筒場施設は残されている。国の重要文化財だ。

この処分場は、今の区画でいうと台東区全域と千代田区の一部の下水を処理していた(現在の三河島水再生センターは、台東区と荒川区の全域、文京区と豊島区の大部分、千代田区と新宿区と北区の一部の下水を浄化している)。電話やインターネットで予約をすればだれでも見学することができる。

東京メトロ千代田線の町屋駅で東京さくらトラム(都電荒川線)に乗り換えて2つ目、荒川二丁目駅から歩くと、3分ほどで旧三河島汚水処分場の正門に辿り着く。門を抜けると左手に平屋づくりの白い門衛所があり、ここからが大正時代から残る重要文化財だ。入口に立ち、煉瓦建築のようにデザインされた旧汚水処分場を見る。たとえは適切でな

（左）「三河島水再生センター」入り口にある「発祥の地」の碑

（下）「旧喞筒場施設」はレンガが貼られたシックな外観。重要文化財に指定

1922年、当時の技術の粋を集めて作られた「旧喞筒場施設」。10台（当時は9台）のポンプが震災も戦災もくぐり抜け、地下から下水をくみ上げる

いかもしれないが、昭和時代のヤクザ映画で見た網走刑務所のようだ。レトロ感たっぷり。映画の撮影所にいるような感覚になる。

　奥に向かって、メンテナンスなどを行うときに下水の流れをコントロールする「入口阻水扉室」、「沈砂池」、汚水のゴミを取り除く「濾格室」、下水から取り除いた土砂や汚泥を運ぶトロッコを動かす「土運車引揚装置用電動機室」、流れてくる下水を計測する「量水器室」、２系統ある下水を合流させる「喞筒井《ポンプせい》」、「喞筒室」と続いていく。

　その行程をすべて見学すると、先人たちの血のにじむような努力の跡が垣間見える。日本人は大正時代にすでに高精度の下水処理技術を持っていたのだ。

死者10万人のコレラ流行

大正時代の日本では、下水道の建設が急務だった。というのも、その前の明治時代は10年（1877年）、12年（1879年）、19年（1886年）、23年（1890年）、28年（1895年）にコレラが大流行したからだ。

コレラ菌によって感染するコレラは、下痢、嘔吐に襲われる。現代では抗生物質やワクチンによる治療法や予防法も充実しているが、明治・大正時代は命にかかわる病気だった。1886年はとくに深刻で、死者が10万人を超えた。新型コロナウイルスの比ではない。そのほかの年もコレラの患者数は多く、衛生環境を急ぎ整備する必要があった。

コレラの主な感染源は、排泄物や吐瀉物によって汚染された食べ物。汲み取り式トイレで排泄後に手洗いを怠ることが感染を広げた。日本中のトイレを清潔にしなくては、いつまでも伝染病の流行をくり返す。日本のトイレを汲み取り式のままにしておくわけにはいかなかった。

汚水処理場を三河島につくることを提案したのは、東京帝国大学（現東京大学）名誉教授の中島鋭治。本来は日本橋や京橋あたり、つまり東京の中心部の下水をまず整備したかった。しかし準備が不十分なままのスタートだったため、上野や浅草のエリアから始めることになった。日本の中枢での失敗を恐れたのだ。

三河島には地理的な利点もあった。浄化した水を隅田川に流せる。

この汚水処分場の設計を手掛けた旧東京市の技師、米元晋一はヨーロッパやアメリカの48都市の下水処理場を視察した。その結果、三河島汚水処分場はアメリカのマサチューセッツ州立ローレンス研究所で開発された「散水濾床法《さんすいろしょうほう》」を採用している。

これは、円形池の中に砕石などの濾材を高さ1・5〜2メートルくらい充填させる当時最先端の浄化法だった。濾材の表面に下水を散布させ、表面に付着した生物膜と接触させて下水を処理する。米元はイギリスのメーカーの装置を参考に設備をつくった。

ところが、三河島汚水処分場竣工前に、さらに新しい浄化法がイギリスのマンチェスターで開発された。現在さらに進化して各地で採用されている「活性汚泥法」だ。横浜の北部第二水再生センターでも見た下水に微生物を加え酸素を供給して有機物を分解させる浄化法で、散水濾床法よりも汚水の処理能力は高い。

ただし、このとき三河島汚水処分場の建設はかなり進んでいた。後戻りはできない。

結局、散水濾床法のまま竣工にいたっている。そして、昭和期に入り、段階的に活性汚泥法に切り替えていった。

1922年に稼働が始まった旧三河島汚水処理場の喞筒井にも入ってみた。錆びてがたがたになった壁も床の煉瓦もかつてのまま保存されている。

初めてここにウンチが流れてきたときはどんなだったのだろう——。

これで伝染病のリスクが軽減できる。大変な感動があったに違いない。

三河島汚水処分場は、現在は三河島水再生センターとして最新の水再生システムを稼働させている。敷地内の道の下に下水道が通っていて、耳を澄ませると、旧三河島汚水処分場の奥にある新施設へ下水・汚水が流れていく音がかすかに聞こえてくる。

三河島の現在の浄水システムは、一部は屋外だが、多くが地下で稼働している。設備の上は緑豊かな公園で、野球のグラウンドやテニスコートもあり、地域の人たちが楽しんでいる。桜やつつじが植えられ、春には満開を迎える。

三河島の施設の中には、1931年前後の東京市役所のポスターが掲示されていた。

「私設下水道を施設しませう」

〝私設〟と〝施設〟をかけているのかはわからないが、とにかく水洗トイレの設置を推

「施設しませう」と1931年頃のポスター

奨している。説明のイラストを見ると、現在の水洗トイレと何も変わらないことに驚く。

三河島は屎尿も含めた汚水処理場だが、１９３４年には当時の東京市葛飾区小菅町で、東京初の屎尿処理施設、「東京市清掃局綾瀬作業所」が稼働した。

綾瀬作業所は荒川放水路、綾瀬川に面した立地を生かして、東京の中心部から運搬される屎尿を処理する施設だ。綾瀬作業所の稼働によって、浅草の３つの臨時屎尿処理施設は役割を終えたが、臨時といいながらも結果的に13年も処理場として機能していたことになる。

昭和の汚水処理場建設ラッシュ

大正時代、昭和時代には、三河島汚水処分場をはじめ、新しい汚水処理場が次々にできていく。昭和初期には、失業対策も兼ね、ほぼ同時に30都市以上が下水道事業に着手した。

主な汚水処理場の開始は次の通りだ。

1922年　東京　三河島汚水処分場（現三河島水再生センター）
1930年　名古屋　堀留処理場（現堀留水処理センター）
　名古屋　熱田処理場（現熱田水処理センター）
　東京　砂町汚水処分場（現砂町水再生センター）
1931年　東京　芝浦汚水処分場（現芝浦水再生センター）
1933年　名古屋　露橋下水処理場（現露橋水処理センター）
1934年　京都　吉祥院処理場（現鳥羽水環境保全センター吉祥院支所）
1935年　豊橋　野田処理場
1937年　岐阜　中部処理場（現中部プラント）
1939年　京都　鳥羽処理場（現鳥羽水環境保全センター）
1940年　大阪　津守処理場（現津守下水処理場）

大阪　海老江処理場（現海老江下水処理場）

このように次々と新しい下水処理場が建設された。ただし、東京、大阪、京都、名古屋、豊橋、岐阜をのぞいた日本全国の自治体では、この段階ではまだ屎尿を流す下水道は通っていない。

１９４０年には汚水処理場を備えた都市は50を超え、総排水面積は２万６３９３ヘクタールに達する。人口に換算すると５０６万人分になる。しかも、その多くがイギリスで開発された活性汚泥法。つまり、現在につながるかなりすぐれた汚水処理環境だった。しかし、１９４１年に太平洋戦争が開戦。１９４４年には本土の空襲も本格化し、東京、大阪、名古屋の下水道や下水処理場も被害にあっている。

１９４５年に終戦。公共の下水道の復旧工事が始まったのは終戦2年後の１９４７年だった。工事を始めてみると、下水設備のダメージは意外にも軽微だった。東京の三河島汚水処分場などはすぐに再稼働できるほどで、東京の下水道は１９４９年には復旧している。

手作業で〝格闘〟

太平洋戦争前に稼働し始めた汚水処理場のなかでも砂町汚水処分場は屎尿処理についてとくに重責を任っていた。

日本は奈良時代あたりから排泄物は農家の肥料として使われ、鎌倉時代には排泄物の有効利用がほぼ機能していた。

ところが太平洋戦争後、そのバランスが崩れていく。前述のとおり日本の人口は急増し、同時期に都市部では徐々に畑が減り始め、安価な化学肥料が使われるようになり、屎尿が余り始めたのだ。その処理が砂町汚水処分場の重要な役割の一つだった。

砂町汚水処分場は戦後の１９５３年に５槽、１９５８年に15槽、計20槽の屎尿消化槽が稼働した。バキュームカーが汲み取ってきた約２００万人分の屎尿を、東京都内に下水道が普及するまでひたすら処理し続けてきた。

現在の砂町水再生センターは、東京メトロ南砂町駅から徒歩で20分近くかかる。周辺にはショッピングセンターや順天堂大学の高齢者医療センターがあるが、１９６０～１９７０年代は駅周辺の住宅や商店からは延々と原っぱが続いていたらしい。途中にはエネルギーを販売する企業があるのみ。つまり、住民の生活圏からは離れたところに下水処理場がつくられた。関係者のほかはほとんど近づかない場所にあったのだ。

砂町の屎尿処理の労働環境は厳しかった。東京都下水道局の資料に、当時の職員の証言が残っている（以下資料のまま）。

「昭和34年（1959年）4月1日に水道局下水道部に採用になり、2日から芝離宮東京都研修所で研修が始まり、その中で下水処理率が20％弱であること、消化槽という言葉を初めて聞いた。3週間くらい後の研修明けで、5名が砂町といわれ、東京駅から本八幡までバスで行き、専用道路を歩き砂町下水処理場にたどり着いた」

このように砂町処理場では東京の屎尿が20％も処理できなかったことが語られている。

「消化槽係に配属になり、私を含む3名が第一日勤室（汲み上げ・貯留槽調整槽から出るしさ処理の作業）になり、そこで3年間、それから芝浦処理場電気主任技術者として勤務替えとなるまでし尿ポンプ室3年間の合計6年間消化槽係に勤務しました」

「しさ（し渣）」とは、汚水に混入している固体のゴミのこと。この職員は勤務したらすぐに屎尿処理の現場に配属された。それから6年間、屎尿の処理をする。

「今にして思うと、作業環境は劣悪なものであったように思う。当時の自分としてはこのようなものかと思いさほど気にも留めませんでした。多分、戦後の復興から立ち上がりつつあり、現在の発展途上国のようにまだまだ機械化・自動化などにお金をかけるよりマンパワーのほうが安価であったのではないかと思います」

驚くべきことに、砂町汚水処分場に集まってくる屎尿は機械に頼らず手作業に近い状況で処理されていた。

「野ざらし作業であったため、夏の暑さ、冬の寒さ、雨・風・雪など大変なものであった。当時の汲み上げポンプは、船一隻汲み上げる間に複数回のしさ詰まりがポンプで起こり、この除去は運転士の作業で〝しさとの格闘〟であった。貯留槽や調整槽のしさスクリーン除去も人力で行われていた。臭気についても特別の対策もなく、見学に来た人たちはハンカチで鼻をふさいでいたが、臭気慣れした私たちは大げさに感じたものだった。この他、ハエやその幼虫もたくさん発生し、環境はよくなかった」

この屎尿処理は年間を通じ屋外で、手作業で行われていた。さらに驚かされるのは、船で運ばれてくる排泄物がポンプでつまり、それも手で処置していたこと。そして、屎尿処理の過程でフィルターの役割を果たしているスクリーンに詰まった排泄物なども手作業で処理していたことだ。ハエやウジ虫が大量に発生するなか、今では考えられない壮絶な作業だった。

『ドラえもん』の原っぱに土管があった理由

戦後、下水・汚水処理場が次々とでき、砂町汚水処分場のような屎尿を処理する設備も整った。それでも、高度経済成長期の東京の人口は増え続け、当然排泄も増え続ける。汲み取りトイレもまだ多く、砂町汚水処分場だけでは処理できない量だった。

いまでこそ日本の水洗トイレ率（汚水処理人口普及率）は91・7％、東京は99・8％。しかし、1970年代は東京23区内ですら、鼻をつまみたくなるようなにおいが充満する汲み取りトイレの家庭は多かった。

またしても私事で恐縮だが、筆者が生まれ育った東京・練馬区の石神井の家はボットン便所だったし、杉並区の阿佐谷にある公立高校に進学したら、そこもボットン便所だった。家でもボットン。学校でもボットン。入学式の日にとても悲しい気持ちになった。高校についていて厳密にいうと、母屋というべき鉄筋コンクリートの校舎は水洗トイレ。ところが、一年生にあてがわれていた教室は木造2階建ての離れで、そちらはボットンだったのだ。

練馬区あたりでなぜボットンが長く続いていたのか——。

その理由の一つに、武蔵野のエリアが、良質な関東ローム層の土壌に恵まれ、すくすくと育つ練馬大根やキャベツ畑が多かったことがある。有機肥料を有効利用していた。

１９７０年代の石神井には、大きく分けて、３種類の人が暮らしていた。広い畑をもっていた地主、地主から土地を買って家を建てた人や地主の持つ賃貸物件に住む人たち、地主が東京都に売った土地に建った公団住宅に住む人たちである。

農業従事者が減り、地主たちは土地を手放していったものの、残っていた土地では家族で野菜を作っていた。そのためには、コストのかからない有機肥料があったほうがいい。石神井の周辺では化学肥料だけでなく有機肥料も使っていた。自分たちが経営する賃貸物件のトイレは汲み取り式にして、肥桶で屎尿を畑に運んでいた。

１９５０年代以前、農業従事者が多く一面の畑だった時代は屎尿が足りず、地主たちは各家庭をまわっても集めていた。しかし１９７０年代になると畑も減り、地主が経営する賃貸物件の屎尿でほぼまかなえるようになったのだろう。

汲み取った屎尿は畑にある肥溜め（「野壺」ともいった）に入れる。人体から排泄されて間もない新鮮な屎尿は濃度が濃すぎて、そのまま畑に撒くと作物をだめにしてしまう。そこで、一度肥溜めに貯蔵し発酵させる必要があった。自然の微生物によって熟成させてから畑に撒くのだ。肥溜めはいわゆる〝熟成庫〟だった。

子どものころ、家の前の原っぱに肥溜めがあった。もともとは畑で、そこにあったものが残っていたのだ。

小学校一年生のとき、肥溜めに落ちた。魚釣りの真似をしていたら、ふちの地盤が崩れたのだ。

死ぬかと思った。手を伸ばして土をつかむと崩れる。草をつかんでも、根から抜けてしまう。じたばたともがき、自力でなんとか這い上がったものの、体中熟成ウンチだらけ。どろどろのまま家へ歩いて帰った。

自宅に着くと、両親も祖父母も驚き、全裸にされ、風呂で徹底的に清められた。洗ったはずなのに、その日は夜まで、鼻の中にウンチの臭いが残っていた気がしたものだ。以後、肥溜めには怖くて近づかなかった。

このように、1960〜1970年代の東京にはまだ汲み取りトイレのエリアがたくさんあった。下水道の新設が人口増加に追い付かなかったのだ。

藤子・F・不二雄さんの漫画『ドラえもん』で描かれている昭和時代の原っぱには、たいていコンクリート製の土管（厳密には粘土で焼かれたものを「土管」といい、コンクリート製のものは「ヒューム管」）が置かれている。キャラクターの、のび太やジャイアンをはじめ子どもたちは土管に上ったりくぐったりして遊んでいる。女の子は土管を家に見立てて、中でおままごとをしている。

あれは東京中で下水道工事が行われていた時代だからこそのシーンだ。実際に、当時はあちこちで土管を見た。地中に埋められる前の土管が原っぱに置かれていた。

練馬区は下水道設備が遅れていたが、いわゆる「団地」と呼ばれていた公団住宅や経済的にゆとりのある家には水洗トイレがあった。

下水道がないのに、なぜ水洗だったのかというと、下水道や浄化施設の代替えとして「コミュニティプラント（小規模下水処理装置）」、通称「コミプラ」が設置されていたのだ。

コミプラは国が市町村に義務付ける一般廃棄物処理計画のなかの一つで、公団住宅のような複数の家庭が共同で使う〝合併処理浄化槽〟のこと。各家庭の生活排水や屎尿を処理する。

では、砂町汚水処分場で処理しきれなかった屎尿はどうしていたのだろう――。

当時は、海洋投棄、つまり海に捨てるしかなかった。

戦後も続く海洋投棄

東京都が屎尿の海洋投棄を始めたのは1931年あたりと言われている。屎尿は肥料として畑に撒かれていた。しかし前述の通り、化学肥料が普及し、さらに人口が急激に増えて、農家だけでは処理しきれなくなったのだ。

最初の船が「武蔵野丸」、二艘目が「優清丸」。武蔵野丸の積載量は約324キロリットル、優清丸は約541キロリットル。狭い船で陸と海を行き来していた。

汲み取られたものが海洋投棄されるプロセスは次のような流れだった。

（1）東京中の汲み取り式トイレでバキュームカーが屎尿を汲み取る
（2）バキュームカーは都内に9か所あった清掃作業所に届ける
（3）清掃作業所から小型のおわい船（中継船）が川を利用して運ぶ
（4）大型のおわい船に積み替える
（5）大型のおわい船で海洋投棄

おわい船というのは屎尿処理船。おわいは、漢字では「汚穢」と書き、きたないものという意味だ。

海洋投棄は、太平洋戦争中は中断している。戦争の激化にともなって石油が手に入らなくなり、運搬する男手も徴兵で不足して、海上輸送ができなくなった。

海洋投棄ができなくても、人々は排泄する。それは最初、庭に埋められていた。しかし、やがて処理しきれなくなり、都市部では深夜に川や側溝に捨て始めた。東京の神田川や目黒川は排泄物で汚れた。

この状況に頭を抱えた当時の都長官（現都知事）の大達茂雄は、1944年、西武鉄道の社長、堤康次郎に助けを求めた。

堤は屎尿輸送用のタンク車115輛を新造した。都内十数か所に糞尿貯蔵所も新設。一日3600キロリットルの屎尿を運ぶ計画を実行に移す。西武鉄道の活躍があり、その後他の私鉄も協力するようになり、東京の屎尿問題はほぼ解決した。

小平のふれあい下水道館の資料によると、当時の小平町では、西武鉄道の東小平駅（花小金井の公立昭和病院のあたり。現在はない）と小川駅に貯留所があった。武蔵野地域の農家はここから屎尿を汲み取り、それぞれの畑で肥料として使ったという。屎尿運搬列車は1953年まで走っていた。

一方海洋投棄は、終戦後の復員で人口が戻ってきた1950年に再開している。戦後まもなくの海洋投棄は東京市から東京都になった民生局が行い、やがて衛生局が引き継ぎ、そして清掃事業部が管轄するようになった。しかし、行政の船だけでは足りない。民間にも委託せざるを得なかった。

海洋投棄を再開してまもなく、問題が起きている。

「投棄船が途中で屎尿を垂れ流しているのではないか」

東京湾沿岸の漁業関係者から苦情が出た。

実際に海岸に屎尿が流れ着いていた。そこで、民間の投棄船には、監視のために東京都の職員も乗船することになった。

ところが、職員の間でパニックが起きた。ふだんデスクワークをしている職員は船の揺れもつらい。その上猛烈な屎尿のにおいで息もできない。さらに甲板はウジ虫がはい回り、真っ白だった。監視役の職員たちは耐えられず、上司に乗船の辞退を請うた。

小型のおわい船については、取材して、実態をリアルに書き残した人もいる。作家の開高健だ。

開高健の〝黄金〟社会科

開高は当時『週刊朝日』（朝日新聞社。現在は朝日新聞出版で発行）で執筆していた人気連載「ずばり東京」で、都内のおわい船まわりを取材して「ぼくの〝黄金〟社会科」という文章を綴っている。

「いきましたのは神田三崎町の投入場と大手町のポンプ場と山王下の下水見学場と砂町の処理場と小台の処理場と月島にあるうんこを海へすてる舟の事務所です。とちゅうで元気がなくなったので二日かかりました。これでうんこのことならたいていわかったから健は〝べんつう〟になったのだとおじさんはいいました」

開高は毎回文章のタッチを替えて、読み手の興味を誘ってくれる。「ぼくの〝黄金〟社会科」は、夏休みの小学生の日記の体裁だ。主にひらがなで書かれている。

開高が訪れた三崎町にあった投入場とは、バキュームカーが集まる清掃作業所だろう。

「穴をのぞいてみたら黄土いろの水がすごいいきおいで流れていて、すごいにおいでした。うんこはおもいからほっておくとよどんでしまう。かるくしなければいけない。そこで神田川からポンプで水を一日に何十キロリットルとくみあげてうすめるのだと所長のおじさんが説めいしてくれました」

大手町の下水道のポンプ場では――。

「二階だてのへんな小さい役所のなかに家ぐらいもある大ポンプが何台となくあっていっせいにぶうううううんとうなっていた。ああ、これがうんこを直球でとばしてるんだな、とぼくはおもった。一歩入ったら、また目がちかちかしてきた。奈良づけかくさやの工場へ入ったみたいです。おじさんはあたりをクンクンかいで、ローマのチーズ屋にそっくりだとつぶやきました」

「暗い地下室へおりると二つの大きなうんこのプールがあります。（中略）プールのはしに大きな鉄のくしがあってじゃまものをくいとめ、ろかします。ひっかかったものをトロッコではこびだします。（中略）りゅう酸のかめをかいだみたいなすごいにおいがギリギリと胸からおなかいっぱいにつまり、たちまちぼくは鼻つんになってしまいました。これは下水道局の下うけの会社の人がやるのですが、一日に千五百エンの日給だそうです。夏の日なんかはにおいがしみついてどうしようもなくなるそうです」

日給1500円を消費者物価指数をもとに計算して2020年の貨幣価値にすると、約6300円。1か月の収入は、25日働いたとして約15万7500円。仕事の過酷さを考えると、かなり低賃金だ。

「なんでも流れてくる。人間のさわったものならなんでも流れてくる。人間の体のなかをとおったものもとおらなかったものも、イカのゲソでも赤ン坊でも、ハンドバッグでもえろしゃしんでも流れてくると所長さんはいいました」

この時期の東京の下水道率はまだ約2割。そのほかは汲み取りトイレだ。排泄物は最低限の処理をして川から海へと運んで投棄していた。

そのありさまを開高健はリアルに描写していた。

黄色くなった東京湾

資料によると、1967年の時点で東京都船舶清掃事務所は大型のおわい船を390トンから998トンの4隻保有していた。乗組員は計86名。内訳は、船長、機関士、航海士、食事係だ。

取材していて、一本の戦争映画を思い出した。巨匠、岡本喜八監督が私財を投じて撮った1968年公開の作品『肉弾』（日本アート・シアター・ギルド）だ。

主役の学徒兵役は寺田農。九三式人間魚雷で特攻する前、一日だけ自由を与えられる。

彼はさまざまな人と出会い、女性を愛し、つかの間の幸せを知る。そして、死を受け入れた。何日も海に浮かんで、敵艦を待った。どれだけ海に浮かんでいただろう。ついに敵艦が来たと思って攻撃する。しかし、それは東京湾で作業するおわい船で、とっくに終戦となっていることを船長に知らされる。

1960年以降長く下水処理の現場にもいたというYさんに話を聞くと、戦後、ある時期までは、映画にも描かれていたとおり、屎尿と下水汚泥を東京湾に捨てていたという。

「最初は200トンクラスの船で東京湾に投棄していました。芝浦沖から横浜あたりです。外洋に大型船で投棄するようになっても、海にウンチだとはっきりとわかる黄色い帯が浮かんで、1970年に海洋汚染防止法（「海洋汚染等及び海上災害の防止に関する法律」）が公布されたわけです」

おわい船が航行しながら屎尿を撒くと、船の後ろに黄色い帯状の航跡が描かれた。

東京湾内での海洋投棄ではさまざまな問題が起きた。貝が大腸菌で汚染され、蛤やアサリが獲れる時期になると、沿岸の町から赤痢の患者が出た。千葉県の海岸では海苔が汚染され、砂浜にはウジ虫が大量に打ち上げられた。

そこで、海洋汚染防止法では、主に次のことが定められている。

――屎尿や汚泥など海洋還元型廃棄物の投棄は、速やかに拡散するように、航行しながら少量ずつ行う。

――廃棄は海辺に漂着しないように50海里（約92・6キロメートル）以上の海域で行う。

この法令によって、東京港内の海洋投棄は禁じられ、東京の屎尿は伊豆大島沖まで捨てに行くようになった。

「そのころにはタンカーのような１５００トンクラスの船を使うようになりました」

Ｙさんはその実際の投棄にも参加したそうだ。

１９７２年には全国的に沿岸から15海里（約28キロメートル）以内は、屎尿の海洋投棄が禁じられた。

海洋汚染防止法は、瀬戸内海に面した県にはとくに深刻な問題だった。瀬戸内海には小さな島がたくさんあるので、ほぼ全域が15海里以内になってしまうのだ。

そこで兵庫県、岡山県、広島県、徳島県、愛媛県、香川県の6県は、特例的に１９７

5年8月末を期限に、和歌山県と高知県の沖合、潮岬の南64海里（約120キロメートル）の海域での投棄が許可されている。

各県は3年以内に屎尿処理施設をつくるように、という国からのメッセージだ。しかし、わずか3年で施設を整えるのは困難で、その後しばらくは海洋での不法投棄が続いた。

千葉県の浦安には「浸透式し尿投棄所」設置の計画もあったという。〝浸透式〟というと響きはいいが、実態は屎尿をただ砂浜に捨てるだけだ。砂浜に沁み込ませれば永久に捨てられると考えた。しかし、もちろん、浦安の人たちは許さなかった。強い反対運動が起き、この計画は立ち消えになった。

関係各所を取材すると、海洋投棄は1970年代まで行われていたことがわかった。

屋形船のトイレ問題

2003年になると、「国際航海に従事する船舶からのふん尿及び汚水の排出に関する規制」が発効され、国土交通省と環境省は海洋投棄を全面禁止にした。

その理由をYさんが説明してくれた。

「屎尿は有機物ですから、生物の餌になります。すなわち、黒潮のような貧栄養海域においては、プランクトンの発生をうながし、それが魚の餌になるのです。ただし、濃すぎると、生物は分解できません。汲み取り式トイレからバキュームカーが吸い取ってきたものは猛烈に濃い。汲み取り槽の中は、トイレットペーパーなど夾雑物をのぞけばウンチとオシッコだけ。有害物質は混じっていませんけれど、何らかの方法で薄めなくてはいけません。処理をせずに投棄すると、自然の循環システムが機能せずに、海の生物の生息環境を破壊してしまいます。陸で肥料として畑に撒く場合も、汲み取ったままではなく、一度肥溜めに溜めて、酸素を混ぜて熟成させます。あれと同じ理由です」

『ずばり東京』で開高健が訪れた三崎町の投入場でウンチに大量の神田川の水を加えて薄めていたのは、このあたりの事情もあったのだろう。

下水道環境が整うと、都市部では水洗トイレが増え、海洋投棄は法律で禁止された。ただし、わりと最近まで投棄していたケースもあるという。屋形船だ。あの小さな船の中にはタンクなどの設備は作れない。しかも屋形船では宴会をするため、どうしても排泄量が増える。海に投棄せざるを得ない状況だったのだ。

2010年になって「垂れ流しダメ」

新聞のバックナンバーをあたると次の見出しを見つけた。

「屋形船の垂れ流しダメ　東京都、し尿排出規制を強化方針」（『朝日新聞』2010年12月29日付）

この記事が2010年であることに驚かされる。

平成20年代の東京でまだ海に垂れ流していたとは——。

夜の帳が下りると、歩道やベンチで恋人たちが口づけを交わし、愛の言葉をささやき合うお台場。その日の前でロマンティックに輝くレインボーブリッジ。ゆりかもめも夜景のなか美しい光のラインを描いて走っている。その下の海にぷかぷかとウンチが浮かんでいたとは、恋人たちも知らなかったろう。

お台場の海は埋立地に囲まれた池のようなロケーション。そんな場所でウンチを撒いたら、すぐに浜に漂着してしまう。テレビ局があり、ショッピングアーケードがあり、エンタテインメント施設もある。週末には多くの観光客が訪れている。浜辺には水と戯れる家族がいる。ウインドサーフィンを楽しむ人も多い。知らないというのはまことに恐ろしいことである。

記事によると、この当時のお台場には、多い日で約120隻の屋形船がひしめいていた。そんな屋形船に対して、東京都は屎尿排出禁止海域を約70倍の約3000ヘクタールに拡大するという通達を出したのだ。

それまで、垂れ流しはほぼ野放し状態。定員100名以上の船舶に限り44ヘクタールの海域で屎尿の海洋投棄を禁止していた。しかし、屋形船は定員60~70名クラスが主流。そのサイズの船については、海域を限定するものの海に流すことに目をつむっていたのだ。

もちろん、すべての船が屎尿を海に垂れ流していたわけではない。屋形船の係留場所近くにはポンプ所があり、船のトイレからポンプで屎尿を吸い上げて、バキュームカーで下水処理場へ運んでいる。ところが、ホースの届かない船もあり、やむなく海洋投棄をしていたのだ。

その後、屋形船のトイレは基本的に汲み取り式になったという。屎尿はタンクに溜め、遊覧を終えたらお台場の湾内にある所定のポンプ所に寄り汲み取ってもらう。それをバキュームカーが汲み取り、下水処理場へ運ぶシステムになっている。

過去には戻りたくない

この第7~8章のいわゆる〝ウンチ今昔物語〟の最後に日本の排泄状況を整理しておこう(時代分けはあくまでも目安)。

——~弥生時代

川や海に向かって桟橋から尻を突き出して排泄。

——飛鳥時代~平安時代

庶民はまだ屋外で排泄。飛鳥・奈良時代には汚れた尻は籌木という長いへらで拭きとっていた。平安時代、貴族は屋内で樋箱というおまるのような箱に排泄して、都を流れる側溝に捨てていた。

——鎌倉時代~江戸時代

木製便器の汲み取り式トイレで排泄。屎尿は農民が汲み取り、肥料に利用していた。需要と供給のバランスがとれていたので、江戸をはじめ都市部は衛生的だった。ただし、栄養価の低い食生活を送っている罪人がいる牢獄の屎尿は肥料にはならず、海や川に捨てられていた。

――明治時代

トイレはしゃがむスタイルの汲み取り式が主流。人口増により屎尿が余り、再び川や海に捨てられるようになる。不衛生が原因でコレラの流行が深刻な問題に。海外で水洗トイレを体験した日本人が自宅に腰掛け式の水洗トイレを設置し始めるが、屎尿を処理する汚水処理設備がないので、屎尿はやはり川や海に捨てられていた。

――大正時代～昭和時代（戦前）

トイレはまだしゃがむスタイルの汲み取り式が主流。人口の増加に加え、安価な化学肥料が作られるようになり、全国的に屎尿が余り、川や海に捨てられる。三河島に日本初の屎尿を浄化できる処理場を操業。その後、日本各地に処理場がつくられていく。日本陶器（現ノリタケカンパニーリミテド）が日本初の腰掛け式水洗トイレを販売するが苦戦を強いられる。東京では主に屎尿を処理する施設として、砂町汚水処理場が操業。

――昭和時代（戦後）

腰掛け式の水洗トイレが増えていく。しかし、約8割の屎尿はおわい船で運ばれて海洋投棄されていた。昭和時代末期には下水道がかなり整備され、汚水を浄化する下水処理施設が増え、トイレの水洗化が一気に進む。尻を洗浄できるトイレの販売が始まる。

——平成時代

トイレの水洗化がさらに進む。便器も腰掛け式が主流になる。海洋投棄が継続されていた東京・お台場の屋形船は汲み取り式に改善されていく。下水道が整備され、下水処理場は全国で約２２００か所（２０１８年末時点）。

——令和時代

日本の水洗トイレ率（汚水処理人口普及率）は91・７％（２０２０年１月時点）。

現代のトイレ環境で暮らせてよかった。各時代の排泄事情をふり返ると、心から思う。それぞれの時代の人たちは今の排泄環境を知らないので平気だったとは思うが、川にするとか、へらで尻を拭くとか、箱にするとか、海に捨てに行くとか……、その時代にはけっして戻りたくない。

おわりに

ひょんなことからこの本は誕生することになった。

共著者の神舘和典氏とは二十年来の知人で、ともに東京の三鷹地域に住んでいることもあって、月に数度は会い、由なしことをぐだぐだと語り合う仲である。そんなことが二十年続いている。

ある日の夜。

神舘氏の十八番である「サシコミ」（突然便意に襲われること）話で大笑いした後、ところで、トイレで流したウンチはその後、どこをどう通ってどうなっていくんだろうかという話になり、そこから肥溜めに落ちた話、ボットン便所の〝おつり〟から身を守る方法へと話柄は広がった。

場所は三鷹の中心部にあるおしゃれなカフェ　ハイファミリアである。我々は閉店まで誰はばかることなく「ウンチ」という単語を飛び交わせながら熱く語りあったのだが、気が付くと周りのテーブルだけが空席になっているのだった。

＊

その時のバカ話をもとに、ふたりで本書の企画書を書き上げ、大胆にも新潮社に持ち込んだ。一笑に付されるに違いないと覚悟はしていた。歴史ある出版社が乗ってくれるようなテーマだとはとても思えなかったからだが、予想に反して実現する運びとなった。

編集部の後藤裕二さんと門文子さんには、この場を借りて深謝したい。

さて、まずは資料を集めて読み込もう、ということになった。調べてみると「類書」は極めて少なかった。

「類書が少ない！　この企画、行けるかもしれへんで」

「うーむ、これはヒット間違いなしですね」

我々ふたりは勇み立った。こんな切り口の本はこれまでにない！

ひょっとして需要がないから供給も少ないのではないかという思いが頭をよぎらないわけではなかったが、それは口にしてはいけないことだった。

＊

コロナ禍による自粛要請下の静まりかえった東京で粛々と取材を重ねていった。

それはとても奇妙で楽しい経験だった。マスクをし、ふたりでガラガラの電車に乗って横浜や小田原や三河島や大手町に出かけ、ただひたすら、ウンチについて尋ね続けたのだ。いい歳をした男性ふたりが「ウンチ」「ウンチ」と口走りながらにじり寄るのである。

嫌な顔一つせずに取材に応じてくださった方々にも深く低頭したい。

今回の取材でとりわけ印象的だったのは、「高層マンションの全住人が一斉にトイレを流したら下層階のトイレが溢れかえるのではないか」という素朴な疑問を専門家にぶつけた時だった。

「100%溢れます！」

この回答を得た時には飛び上がるほど嬉しかった。いや、実際に飛び上がった。語られている事態は悲惨だが、自分の推論が正しかったことに感動してしまったのだ。

＊

思えば、近代化とは「ウンチ」と「死」を忌むべきものとして人々の目の前から掻き消すことだった。ウンチは水洗トイレのフラッシュひとつで我々の目前から消え去り、人は病院の片隅でひっそりと死んでいく。だから義務教育でも「体にいい食べ物」や「明るい未来の生活」については教えてくれるが、「正しい排便の方法」や「見苦しくない死に方」については決して教えてはくれない。

いま完成した本をあらためて読んでみると、そんな忌むべき「ウンチ」をこれほどカラフルな手つきでバラエティに富ませながら白日のもとに晒した本はかつてなかったのではないかと、すこしだけ胸を張ってみたくなる。

＊

新書では珍しい共著と言う形になったが、執筆は主に神舘氏が行い、それに西川が書き加えるというスタイルで行った。

三鷹は太宰治で有名な文藝の香り高い街だが、本書によって別の香りが加わればこれにすぐる喜びはない。

2020年12月

西川清史

◎**参考文献**

『朝日新聞』２０１０年12月29日付、２０１９年８月17日付、２０２０年５月29日付（朝日新聞社）
『朝日百科 歴史を読みなおす12 洛中洛外 京は〝花の都〟か』天羽直之（著）、廣田一（編）（朝日新聞社）
『恥ずかしがらずに便の話をしよう』大竹真一郎（監修）、佐藤満春（著）（マイナビ新書）
『うんちはすごい』加藤篤（イースト・プレス）
『絵でみる 下水道のしくみ』大内弘（山海堂）
『江戸・東京の下水道のはなし』東京下水道史探訪会編（技報堂出版）
『江戸の下水道』栗田彰（青蛙房）
『江戸の糞尿学』永井義男（作品社）
『大阪の下水道 No.26 太閤（背割）下水』（大阪市建設局）
『おなかの調子がよくなる本』福田真嗣（ＫＫベストセラーズ）
『葛飾区史』（葛飾区総務部総務課）
『環境技術実証事業 広報資料』（環境省）
『下水道の冒険 勇者スイスイと水の旅』（日本下水道協会）
『下水汚泥は資源の宝庫 汚泥資源化センター』（横浜市環境創造局）
『下水道東京１００年史』（東京都下水道局）

『下水道れきし旅』（東京都下水道局）
『古代都市平城京の世界』舘野和己（山川出版社）
『地獄変・邪宗門・好色・藪の中 他七篇』芥川龍之介（岩波文庫）
『少将滋幹の母』谷崎潤一郎（新潮文庫）
『浸水ゼロ・安全・快適！下水道』（東京都下水道局）
『ずばり東京』開高健（光文社文庫）
『清掃事業３００年―江戸から東京へ』（東京ライフ社）
『誰にも聞けないウンチの話』押谷伸英（文芸社）
『天才の頭の中：ビル・ゲイツを解読する リミテッドシリーズ：パート1』（NETFLIX）ドキュメンタリー番組
『トイレの話をしよう 世界65億人が抱える大問題』ローズ・ジョージ、大沢章子・訳（ＮＨＫ出版）
『トイレ 排泄の空間から見る日本の文化と歴史』屎尿・下水研究会編著（ミネルヴァ書房）
『東京のし尿処理の変遷』（特定非営利活動法人 日本下水文化研究会 分科会 屎尿・下水研究会）
『ＴＯＴＯ ＭＵＳＥＵＭ』（ＴＯＴＯ）※図録
『都道府県別汚水処理人口普及状況』（国土交通省・農林水産省・環境省）
『日本経済新聞』２０１９年8月17日付（日本経済新聞社）
『日本その日その日』エドワード・シルヴェスター・モース、石川欣一・訳（講談社学術文庫）

参考文献

『日本のトイレ発達史』森田英樹（小平市）※東京都小平市公式ホームページ
『馬琴一家の江戸暮らし』高牧實（中公新書）
『半地下建物・地下室にご用心!!』（東京都下水道局）
『ふくりゅう』平成14年7月10日 通巻27号（特定非営利活動法人 日本下水文化研究会）
『ふれあい下水道館 ガイドブック』（東京都小平市）
『平安京のニオイ』安田政彦（吉川弘文館）
『平城京に暮らす』馬場基（吉川弘文館）
『平城京のごみ図鑑』奈良文化財研究所監修（河出書房新社）
『平城京の住宅事情　貴族はどこに住んだのか』近江俊秀（吉川弘文館）
『保健婦雑誌』23巻5号（医学書院）
『マンホールトイレ整備・運用のためのガイドライン―2018年版―』（国土交通省）
『木簡 古代からの便り』奈良文化財研究所編（岩波書店）
『ヨーロッパ文化と日本文化』ルイス・フロイス、岡田章雄・訳注（岩波文庫）
『よこはまの下水道』（横浜市環境創造局）
『レストルーム カタログ』（TOTO）

〈写真提供〉

西川清史　9頁（扉）、16頁、20頁、27頁（右上・左上・右下）、29頁（下）、44頁、117頁（扉）、149頁（上）、150頁、154頁

神舘和典　27頁（左下）、29頁（上）、33頁、79頁（扉）、149頁（下）

TOTO株式会社　47頁（扉）

朝日新聞社　65頁（扉）

AFP／アフロ　93頁（扉）

時事通信社　105頁（扉）

神舘和典　1962（昭和37）年東京都生まれ。著述家。音楽をはじめ多くの分野で執筆。『墓と葬式の見積りをとってみた』『25人の偉大なジャズメンが語る名盤・名言・名演奏』など著書多数。

西川清史　1952（昭和27）年生まれ。和歌山県出身。上智大学外国語学部仏語学科卒業後、77年文藝春秋入社。「週刊文春」「Number」編集部を経て「CREA」「TITLe」編集長に。2018年副社長で退職。

新潮新書

893

うんちの行方《ゆくえ》

著者　神舘和典《こうだてかずのり》　西川清史《にしかわきよし》

2021年1月20日　発行

発行者　佐藤隆信

発行所　株式会社新潮社

〒162-8711　東京都新宿区矢来町71番地
編集部(03)3266-5430　読者係(03)3266-5111
https://www.shinchosha.co.jp

図版製作　ブリュッケ

印刷所　錦明印刷株式会社

製本所　錦明印刷株式会社

©Kodate Kazunori, Nishikawa Kiyoshi
2021, Printed in Japan

乱丁・落丁本は、ご面倒ですが
小社読者係宛お送りください。
送料小社負担にてお取替えいたします。

ISBN978-4-10-610893-8　C0236

価格はカバーに表示してあります。

Ⓢ新潮新書

885
ブラック霞が関
千正康裕

朝七時、仕事開始。二七時二〇分、退庁。官僚のブラック労働を放置すれば、最終的に被害を受けるのは我々国民だ。霞が関崩壊を防ぐ具体策を元厚労省キャリアが提言。

884
ベートーヴェンと日本人
浦久俊彦

幕末から明治の頃は「耳障り」だった西洋音楽は、「軍事制度」として社会に浸透し、「教養」に変じ、やがてベートーヴェンを「楽聖」に押し上げていく――。発見と興奮の文化論。

883
空気が支配する国
物江　潤

「空気」は、日本では法よりも総理大臣よりも上位に立つ存在である。この息苦しさを打ち破る手立てはあるのか。得体の知れぬものの正体を若手論客が鮮明かつロジカルに解き明かす。

882
スマホ脳
アンデシュ・ハンセン
久山葉子訳

ジョブズはなぜ、わが子にiPadを与えなかったのか？　うつ、睡眠障害、学力低下、依存……最新の研究結果があぶり出す、恐るべき真実。世界的ベストセラーがついに日本上陸！

881
いじめとひきこもりの人類史
正高信男

逃げ場を失った現代社会、いったい何が「いじめ」と「ひきこもり」を生みだしたのか。500万年にわたる人類史から、ポストコロナの社会像をも見据える壮大な文明論。

Ⓢ新潮新書

880
生き抜くヒント
五木寛之

老いと病いを道連れに、こんな時代をどう生きればいいのか。ユーモアとペーソスの陰に処世の知恵がキラリと光る。『週刊新潮』人気連載から厳選、35の「生き抜くヒント」！

879
「池の水」抜くのは誰のため？
暴走する生き物愛
小坪遊

外来種退治、放流、餌やり——その善意は、悲劇の始まりかもしれない。人気テレビ番組の盲点から自称プロ、悪質マニアの暗躍まで、知られざる〝生き物事件〟を徹底取材。

878
パワハラ問題
アウトの基準から対策まで
井口博

1000件以上のハラスメント相談を受けてきた弁護士が、2020年6月施行のパワハラ防止法を徹底解説したうえで、予防策や危機管理、過去の裁判例まで詳述。全組織人必読の書。

877
中国コロナの真相
インサイドレポート
宮崎紀秀

初動を遅らせた原因は「習近平独裁」にあった——。猛烈な危機の拡大とその封じ込めの過程で、共産党中国は何を隠し、何を犠牲にしたのか。北京在住の記者による戦慄のレポート。

876
絶対に挫折しない日本史
古市憲寿

思い切って固有名詞を減らし、流れを超俯瞰で捉えれば、日本史は、ここまでわかりやすく面白くなる！　歴史学者ではない著者だからこそ書けた、全く新しい日本史入門。

Ⓢ新潮新書

875
天才 富永仲基
独創の町人学者
釈 徹宗
江戸中期、驚くべき思想家がいた。世界に先駆けて仏典を実証的に解読。その「大乗非仏説論」を本居宣長らが絶賛、日本思想史に名を残す。31歳で夭折した〝早すぎた天才〟に迫る！

874
コンビニは通える引きこもりたち
久世芽亜里
「9割近くは外出している」「不登校がきっかけは2割以下」「半数近くは7年超え」——。親は、社会は、何をすればいいのか。激変する昨今の引きこもり事情とその支援法を徹底解説。

873
番号は謎
佐藤健太郎
郵便番号はどう決まる？　交響曲マイナス1番とは？　上野駅13・5番線はどこへ向うの？　さまざまな番号のウラ事情を徹底調査。面白くてためになる「番号」の世界！

872
国家の怠慢
高橋洋一
原 英史
新型コロナウイルスは、日本の社会システムの不備を残酷なまでに炙り出した。これまで多くの行政改革を成し遂げてきた二人のエキスパートが、問題の核心を徹底的に論じ合う。

871
恥ずかしい人たち
中川淳一郎
態度がエラそう過ぎるオッサン、言い訳する能力もない政治家、〝義憤〟に駆られた「リベラル」「保守」。時に実名を挙げ、時に自らを省みながら綴った「壮絶にダメな大人」図鑑！

Ⓢ新潮新書

870
自衛隊は市街戦を戦えるか
二見 龍

サイバー戦に情報戦が加わった「新しい戦争」の時代――戦車だけで日本を守れるのか？ 元自衛隊幹部が明かす陸自の訓練の内情と、「最強の部隊」を追求するための渾身の提言。

869
トヨタに学ぶカイゼンのヒント71
野地秩嘉

「ベストを追求するな」「残業を疑え」――強さの秘密は、職場のムダを徹底的になくすカイゼン＝改善の積み重ね。働く人を楽に、楽しくする究極の働き方改革がここにある。

868
スマホ料金はなぜ高いのか
山田 明

「スマホ料金4割値下げ」はどこへやら、高止まりする日本の通信料金の裏には、大手3社による寡占市場と官民癒着の構図がある。通信業界のエキスパートが徹底解説！

867
日本人はなぜ自虐的になったのか
占領とWGIP

有馬哲夫

罪悪感を植え付けよ！ メディアを総動員し、法や制度を変え、時に天皇まで利用――占領軍が展開した心理戦とWGIPとは。公文書研究の第一人者が第1次資料をもとに全貌を明かす。

866
人間の義務
曽野綾子

病や戦争、事故や災害……意外性の連続の中で、人が今を生きていられることは、本来、ドラマでさえあるはずだ。「一生は今日一日の積み重ね」など、21篇の人生哲学。

Ⓢ新潮新書

865 令和の巨人軍　中溝康隆

61歳の若大将、史上最高の遊撃手、待望の生え抜き4番……いつだって"今"の巨人軍が一番面白い！　当代一のウォッチャーがその魅力をアップデートする、新しいジャイアンツ論。

864 ヤバい選挙　宮澤　暁

「死んだ男」が立候補した都知事選、村民二百人が一斉出馬した村長選——。「問題候補者」の真の狙いは？　開票結果は？　選挙マニアが発掘した「我らが民主主義制度」のヤバい事件簿。

863 バカの国　百田尚樹

増殖するバカを笑ってばかりもいられない。いまや彼らがこの国を侵食しつつあるのだ。ベストセラー作家が放つ「怒りの鉄拳」123連発に、コロナ禍を受けた書き下ろしを緊急収録。

862 歴史の教訓　「失敗の本質」と国家戦略　兼原信克

なぜ戦前の日本は、大きな過ちを犯したのか。「官邸外交」の理論的主柱として知られた元外交官が、近代日本の来歴を独自の視点で振り返り、これからの国家戦略の全貌を示す。

861 美術展の不都合な真実　古　賀　太

入場前から大行列、一瞬だけ見る「屈指の名画」、お土産ショップへ強制入場——「美術展ビジネス」の裏事情を元企画者が解説。本当に観るべき展示を見極めるための必読ガイド。